CHARISMATIC

# 活着就要 气场全开

柳崖 著

青岛出版社
QINGDAO PUBLISHING HOUSE

图书在版编目（CIP）数据

活着就要气场全开 / 柳崖著 . -- 青岛 : 青岛出版社 ,2018.11

ISBN 978-7-5552-7435-3

Ⅰ. ①活… Ⅱ. ①柳… Ⅲ. ①女性 Ⅳ. ①G883

中国版本图书馆CIP数据核字(2018)第163303号

书　　名　活 着 就 要 气 场 全 开
HUOZHE JIUYAO QICHANG QUANKAI

著　　者　柳　崖
出版发行　青岛出版社
社　　址　青岛市海尔路182号（266061）
本社网址　http://www.qdpub.com
邮购电话　13335059110　0532-68068026
策　　划　刘海波　周鸿媛
责任编辑　王　宁　刘百玉
封面设计　林丽工作室
版式设计　祝玉华
照　　排　光合时代工作室
印　　刷　青岛乐喜力科技发展有限公司
出版日期　2018年11月第1版　2018年11月第1次印刷
开　　本　32开（890毫米 × 1240毫米）
印　　张　7.5
字　　数　100千
印　　数　1-10000册
书　　号　ISBN 978-7-5552-7435-3
定　　价　45.00元

编校质量、盗版监督服务电话：4006532017　0532-68068638
建议陈列类别：畅销 · 心理励志类

推荐序一

## 去吧！皮卡丘姑娘！

艾明雅（作家，编剧）

我见过太多的年轻姑娘，她们在做一件事情之前，一定会用一个“可是”作为结尾：

我想去留学，可是……

我想跟男朋友去异地结婚，可是……

我想创业，可是……

我想……可是……

这个后缀，是传统世俗长期给女人心灵的刺字和绑架，既是一种个性上的犹豫，也反映出事主对不可控结果的恐惧。但是在柳主任[①]身上，你永远不可能看到这个后缀，她的所有选择，都是感叹号般坚定有力的结束：

我要学英语！

我要做服装品牌！

① 柳主任：本书作者。在大学期间，当周围的同学们都忙着谈恋爱、玩游戏时，她已经有清晰的人生规划，开始当模特、卖产品、开店，并实现了经济独立。同学们都觉得她很有主见，很爱讲道理，像个级部主任一样，所以私下都叫她“主任”。后来，她将公众号的名字取为“我是柳主任”，“柳主任”的称谓遂被更广泛地传播开来。

我要做一个最能写的美妆博主！

她斩断自己的后路，从来不手软，在她的观念里，从来没有“后路”这一说。她只是往前，往前，往前。当这一条路走不通了，她就换个方向，但依然是往前，往前，往前，气场全开。

因为她的眼里只有C位[1]，她没有空理你喜不喜欢她——青春易逝，人生如梦，她在这一轮回里要生尽欢死，无憾地一路狂奔。来不及了，来不及了，还有那么多风景未看，还有那么多奢华没有尝试，她心中的那个C位还没有拿到，她要做的事情还有那么多。于是，她练出一身“遇佛杀佛”的本事。

大部分凡俗女生是想过要那个C位的，但是，走着走着，对手多了，观众多了，竞技多了，她们的精力就放在了与人battle（战斗）、八卦对手、讨好观众、哀怜自己上。最后，battle、八卦、观众、哀怜占据并吞噬了她们。在梦想碎掉的那一刻，她们才想起来，自己原来只是想要那个C位的，和谁要和自己作战、谁说自己坏话、谁伤害了自己、谁不喜欢自己又有什么关系呢？

这个时候，那些哭泣的姑娘，才理解了那种走路带龙卷风的姑娘心里藏着什么——那就是目标，一种坚定的人生目标和原则，带着一股子席卷全世界的味道，所到之处，步步生风，花团锦簇。你没有办法忽略她的存在，也没有办法私语她是高调还是低调，反正，她不在乎。

---

① C位：一个团队中心的位置、焦点位置，出自偶像团体对团队中心的人的称呼。

柳主任更是不会忘记目标，她把人生座右铭简单粗暴、亘古不变地钉在公众号上：要美，要钱，要男人。

要美——她要到了，“S”形身材，每天工作十几个小时依然拥有透亮的皮肤、亮晶晶的眼神。她不是简约禁欲系，她就是一枚坦率的欲望系本身。她的周边、她的世界、她的行囊，都装着她对这个世界的兴致勃勃。不要什么极简，去他的禁欲——衣服越多越好，化妆品永远不嫌多，车要开最拉风的轿跑。她理直气壮地向这个世界要着物质。打开她这个美妆博主的背包，亮晶晶的眼影、薰衣草味道的睡眠喷雾……她像珍惜太阳一样珍惜着自己的皮囊，因为她知道，美来自一种细水长流的自律：每天敷面膜，把自己包得像木乃伊一样防晒，武装到指甲，每天擦美胸霜……是的，美来自勤奋！大多数中国女人的美用于讨好男人，而她不是，她永远享受这个乐趣，她的生活永远如哆啦A梦的口袋一般充满惊喜。在她面前，你会情不自禁地感慨一句：做女人真的很有意思。

要钱——长着一张完全可以被包养的脸，但她可不是什么温婉派、伸手党，她是小野兽本人。她不信奉懒洋洋的自由和嗲声嗲气换来的礼物，她坚定不移地认为人生就是要自己买单，她的脑子里没有“花别人的”这回事。她的人生，是4点的早班飞机，是凌晨的工作电话，是半夜的发货单据，但归根结底是自己，是写着自己名字的公司、房产、户头，是用汗水与努力一点一滴加上的价值。要钱，更多的钱，要刷卡时的豪气，要让万物都服气。

要男人——即将变成30岁“大龄剩女”，但无所谓，实在不行，可以冻卵，世俗的捆绑永远没有办法限制住这样的姑娘。能够吸引她们的，真真只有爱情。在遇到之前，不需要为了生计妥协，不需要为了寂寞委屈。那些柔软无骨的粉丝在她的公众号里哭诉，她永远一针见血地怼回去：“没脑子的女人不配谈恋爱！”这就是她已经回不了头的人生气势，“一切尽在手里，不可能有什么可以伤害我。如果有什么可能伤害你们，那是因为，你们自己太弱太弱。你们给人可乘之机，你们的人生存有侥幸，想要捷径，所以那些男人，控制了你们。”

在这个人人都想当网红的时代，我想说：美貌固然是重要的，但美貌就是五分钟的事。

一个KOL（意见领袖），最大的天赋是“气”，是给他人的期盼与希望，是让他人知道，还可以这样活。

廖一梅说：你是我温暖的手套，冰冷的啤酒……

而柳主任这样的姑娘，是透心凉的雪碧，她是冰的，但也是甜的；她是六月的风，热辣之后却又带着些许花香。

她注定不被羁绊。

她注定属于这个广阔无垠的世界。

她注定和你不一样。

你不用懂，因为当你试图去探究的时候，她已经走了。

街角有她的裙摆，有她的暗香，有她来过的痕迹。

她有对人生的确定，

而你，只有猜测。

推荐序二

## 永远有 PLAN B 的女人

十二（作家）

在没有见柳主任之前，我一直以为她是一个每天被男人狂追的性感女神。

但第一次见面，远远看着她拖着一个登机箱走过来，就发现看走了眼，这明明是一个醉心于事业的拼命三郎。

很多人拼命是因为不得不拼，有家庭负担，曾被爱情深深伤害，没有人可以依靠仰赖。然而，这几条，柳主任一条都没有，她努力的唯一原因，是因为她真的热爱工作，她深深爱着工作状态下的自己。

有的人，她不需要别人给她打鸡血，因为，她就是鸡血本尊。

我自己是一个很晚熟的人，到了 30 岁才知道，赚钱这事有多重要，所以荒废了很多时间在脆弱的玻璃心上。

有的女孩却天然地懂得赚钱的重要，更为难能可贵的是，她完全享受这个过程。不会因为一天要跑三个地方而叫苦，不会因为一个月要去几座不同的城市出差而喊累。即使遇到了喜欢的男人，如果对方跟她说：你别工作了，我来养你。我相信，她一定会翻出一个好看的白眼，然后潇洒地离开。

因为她确信，想要把她关在笼子里的男人，不管多帅多有钱，都不是她要寻觅的良人。

所以，她是我见过的，最不拧巴的女人。

很多人以为这样的女孩，大概是天生没心没肺，有男人一般的钢铁意志吧。这样的认知是错误的，她当然也会有委屈的时候，也会为喜欢的人不那么在意自己而难过，但这些对她而言是奔向大江大河过程中的小小支流，是阻挡不了她奔腾入海的意志的。

这可能就是女人与女人之间的区别。有的人把细枝末节当人生的全部，去放大、去深究，陷在里面死死纠缠。但有的人，却可以砍断这些，迎风而上，眼里只有远方的那个目标。

与其说是思维上的天差地别，不如说是因为对人生有着完全不一样的理解。

每个女人当然都想追求爱情的浪漫，都想追求一见钟情时的火花四溅，都想得到一个知心人。

但这就该是女人关于人生是否幸福的定义吗？

幸福是否还有很多其他的样子呢？

当然有，而且它可能有一百种样子。

如果 A 不行，那么就 B。

关于幸福，女人应该永远有 PLAN B（B 计划），而不是华山一条路，走不通，一生就毁了。

她是那种永远会让自己有 PLAN B 的女人。

这样的人，不会把自己人生的遥控器交到某个人手上，她会活得清醒而又乐观。

有的时候，她也会在深夜跟我说，可能我天生就没有很好的爱情运，都要靠自己来努力争取。

我跟她说：不，恰恰相反，是因为你天生享受靠自己努力争取的那个过程，所以你没那么多时间去恋爱。

她哈哈大笑。

我相信，当她想要好的婚姻的时候，她也会得到。

因为，爱情也好，婚姻也罢，本来就不该是这个时代女人的终极目标，那只是我们在追求更好的自己路上的附赠。

成为自己爱的那个自己，做着自己真的热爱的事，买自己真的喜欢的品牌，遇见真的爱自己、欣赏自己的人，这是我在她的文字里一直一直看到的东西，也是她真正在此生里努力去做的事。

自序

# 你当温柔，却有力量

我 18 岁的时候，想象 28 岁的自己应该做着一份朝九晚五的工作，嫁给高中时期的男朋友，还有一个可爱的女儿。

18 岁时的自己，扬着一张尚未被这个世界“欺负”的脸，不了解社会百态，对待人生也是随遇而安的态度，毫无规划。

谁能想到，就是这么一个乏善可陈、对人生没有任何企图心的姑娘，10 年后却走向了截然不同的人生。

用我闺密的话来讲就是：“只想做个小女孩，无奈变成女总裁。”

从 25 岁那年赚到第一个百万年薪，到现在拥有自己的公众号和服装品牌，成为拥有个人 IP①的人，工作足迹遍布全球，一年买一套房子。28 岁的我，没有朝九晚五的工作，没有老公和小孩，可是我拥有了自己真正渴望的——自我和自由。

① IP:intellectual property 的缩写，原意为知识产权，在本文中指个人具有某个领域的特长，从而具有很高的公众认知度和辨识度，形成了个人品牌。

在实现自我和自由的过程中，我踩了很多坑，遭了很多罪。在这本书里，除了跟大家分享怎么赢，更重要的是分享我亲身经历的血淋淋的教训，避免大家重蹈覆辙。

我享受过的荣光和遭受过的伤害，就是你们的导航，告诉你们哪里有宝藏，哪里有沼泽。我记录的这些事情，不仅仅有关工作，还有关亲情、友情、爱情以及与普通人交往的人情世故。

值得一提的是，在这本书里，我将首次透露自己的成长经历，以及跟父母产生误解后和解的过程。相信我，跟原生家庭和解，这对你今后的人生至关重要，甚至会惠及你的恋情以及将来要组建的家庭。

我经常自嘲：我是一个被扔在风里长大的孩子。因为在25岁以前，我都没有遇到过一个可以指引自己的人。而我不想这样的事发生在年轻的读者朋友们身上，所以，谨以此书送给你们，我最可爱的迷妹们。

主任希望你们要始终保持独立，明白结婚离婚、生儿育女只是人生的一个过程、一个阶段。不要老想着把自己的人生随便粘贴到别人的人生道路上，即使你和他立下婚约，即使你和他相拥而眠。

你的人生只是你自己的，你的未来不能只围绕着某某太太、某某妈妈的身份去设计。

你不能见好就收，不能想着作为一个女人这样已经够了，你要想象你是自己人生道路上唯一一个指路人，唯一一盏启明灯，你要为自己负责。如果你放弃了，这条路就没有人走了，这盏灯就灭了。

这就好像我很爱听的 Jony J 唱的《不要去猜》里面的一句歌词：“我知道灯，不会在任何时候为我开。”是的，别人的灯不会在任何时候为你开。你的父母、爱人、朋友、子女，没有人是跟随你一生一世的。

只有你心里那盏灯会始终为你点亮，只要你一直顺着那亮光走下去，就不会有油尽灯枯的一天，那盏灯就叫作“自我”。

你长大的路上，一定会有很多人想告诉你：女人怎样才会幸福。有些话很动听，但却在诱使你去灭掉你自己的灯，诱使你当男人背后的女人，诱使你相信你的人生不如别人的有价值。

吃掉糖衣，把炮弹吐到他们脸上。吞下自我怀疑、胆怯和焦虑，护住自己心中那盏灯吧。你当温柔，却有力量，如此就没人能打败你。

# 目录

Contents

第一章　**生命是一袭华美的袍，你是自己的女一号**

Chapter 1

一个人的平安夜 / 002

凭什么不能得到一切？ / 008

高配置的人生，永远自定义 / 013

聪明的女人，都会在黄金时间把自己置顶 / 018

女王心修炼指南 / 023

付出感是谋杀人类情感的元凶 / 026

善于控制情绪，才能成为人生的总攻 / 033

第二章　**做一颗玫瑰色的子弹**

Chapter 2

中国姑娘，败就败在一个循规蹈矩上 / 040

那些喜欢诉苦的人，大概会一直苦下去 / 045

跟生活握手言和，凭什么？ / 051

如果不努力争取，除了皱纹跟赘肉，岁月什么都不会给你 / 056

年龄是勋章，从来不是硬伤 / 063

美貌有套路，智慧才是出路 / 070

拎得清的女人，从不随意评价他人 / 075

越是有钱，越不能把女儿培养成傻白甜！ / 079

## 第三章　我能想到最浪漫的事，就是一个人默默发财

Chapter 3

我和工作的关系，就像一对怨侣 / 086

不稳定的工作，稳定地月入六位数 / 089

听说你想创业又没钱 / 095

为什么情路不顺的女人，容易成为女强人？ / 099

男人和女人，到底谁更容易爬到食物链的顶端？ / 104

人生的高度，取决于你翻篇的速度 / 112

## 第四章　白菜与猪：如何避免一场爱情事故

Chapter 4

一份价值 70 万的男人使用说明书 / 118

遇到一个懂你的男人，谈何容易 / 125

论异地恋坚持不下去的根本原因 / 132

你不理我，我也不理你 / 137

你在爱情里是如何节节败退的 / 142

为什么你的婚姻如此不幸？因为你满脑子都是嫁给爱情 / 147

搞不定自己父母的人，就别在婚姻市场上害人了 / 153

# 目录

Contents


## 第五章　单身时，我们应该“撩”什么？

Chapter 5

我不是不婚主义者，而是结不结婚无所谓主义者 / 160

单身的这些年，我如何度过漫长的时间 / 167

相夫教子、独身主义、丁克家庭，哪一款更适合你？ / 171

为什么情商低是一件不值得被原谅的事 / 176

戒除偏见是走向优秀的第一步 / 181

## 第六章　低质量的相处，不如高质量的孤独

Chapter 6

男权社会里最悲哀的事，是女人对女人的恶意和歧视 / 186

致闺密：分开我们的不是男人，也不是时间 / 192

背 Gucci（古驰）的女人和背 Coach（蔻驰）的女人能成为好闺密吗？ / 197

所有父母反对的事，都可以用这种方式解决 / 202

求同存异、互不渗透，才是高质量的友谊 / 209

从傻白甜到白智嗲：女神交友的十二条军规 / 214

后记　221

# 第一章

Chapter 1

## 生命是一袭华美的袍，你是自己的女一号

# 一个人的平安夜

2017 年的平安夜，我独自坐在电脑前，思绪良多。

那些我拥有过的关于平安夜的狂欢、大餐、美服和礼物都没能给我留下什么深刻的印象，但是每年的平安夜我都会想起 2012 年那个孤独又辛酸的夜晚。

那年我 22 岁，除了旅游，从没离开过家乡，却毅然决然地一个人拖着箱子从武汉跑去天津工作。那里没有东湖，但有海河，早餐没有热干面、豆皮，但有一样美味的煎饼果子和疙瘩汤。

迷路的时候，热心的大爷大妈们会对我说："您顺着东南方向走两站路然后在某某路和某某路的交叉口往北边走两步就到地儿了。"然而，我这个不辨东西南北、只分得清前后左右的姑娘却听得云里雾里。

令我印象最深的还是满大街此起彼伏的"姐姐，姐姐"。

无论你是少女、少妇、妈妈、阿姨还是大婶，无论你几岁，天津人对女性的统一称呼就是这句饱含着热情和亲切的"姐姐"。

我就职的公司在和平区南京路的一所犹太教堂里。

每天下班的时候，我走在高楼林立、车水马龙的南京路上，看着来来往往、行色匆匆的路人，心想这个陌生的北方城市可以容得下 1500 万人，也一定容得下我这个想要一展拳脚的武汉姑娘。

可现实是，除了同事，我谁也不认识。这就意味着，工作八小时之外的生活，我注定是孤独的。但是很快，我就适应了。

一个人独自租房子，也没人等着我回家开饭，我主动申请上下午 1 点到晚上 9 点的晚班。一来，可以在天寒地冻的冬天睡个懒觉，并且缩短晚上独自在家的时间；二来，可以让跟我搭班的同事早点回家吃饭。何乐而不为呢？

忙碌的日子就像办公桌上不知不觉被撕光的便笺纸，2012 年很快就接近尾声了。南京路步行街上张灯结彩，海信广场的巨型圣诞树也早早地立了起来，空气中弥漫着欢快的气息和清脆悦耳的叮当声，圣诞老人也十分应景地送来了一场大雪。这场雪把天津变成了银装素裹的童话世界，平安夜就这样如期而至。

中午到公司的时候，所有人都在热烈讨论晚上的活动安排，我却默默地打开电脑开始下载 Love Actually（电影《真爱至上》）。这是我平安夜的保留节目——每年都要看一遍的暖心电影。

不知不觉中，同事们都下班了，只剩下我和看门的徐师傅。我点了一份比萨外卖，边吃边做 ppt。等到把手头的事情忙完，就开始看电影。

我已经记不得看了多少遍这部电影，仿佛里面的每个角色都是我的老朋友，平常各自忙碌，只在每年平安夜匆匆见上一面。

看着这部 2003 年拍的老电影，我会自言自语：休格兰特你又变肥了，你已不再是我的男神了；凯拉·奈特莉真是有种穿越时光的美；还有那个演《神探夏洛特》红遍大江南北的马丁·福瑞曼，你演爱情片的表情简直让人不忍直视……

片中的十个爱情故事，最让我感动的还是腼腆的摄影师用纸板跟暗恋的女孩儿表白的这一段。

九点五分，我打完卡锁好门下班。门口台阶的红地毯上已经覆盖了一层棉花糖般的皑皑白雪，我把自己裹得像只泰迪熊，小心翼翼地走下台阶，站在马路边拦车。

看着一辆又一辆的出租车飞驰而过，明晃晃的车灯照亮了这个寒冷彻骨的雪夜。车上都坐满了乘客，也许他们刚吃完饭正赶去第二场的狂欢。

我等了很久很久，却没有一辆车肯为我停留，也没有一辆车可以送我回家。

转眼就到十点了，地铁和公交都已经停了。那时候，还没有神州专车、滴滴打车等各种打车软件，在这个举目无亲的城市，洋溢着欢快气息的平安夜，我第一次感受到了什么是绝望。

我站在雪地里考虑了五分钟，公司到家的距离差不多是六站路，走回去应该是一个小时左右。如果我在原地等，可能十二点以后才会有空车，而现在时间是十点十分。我拢了拢衣领，决定走回家。雪越下越大，马路上还有尚未融化的冰。不知不觉，我开始回忆过去的平安夜，不是在商场血拼就是在 KTV 或酒吧和朋友们狂欢。能想起的平安夜娱乐项目实在是太多，一晚上的时间根本就不够。

而现在呢，朋友们依然在狂欢，根本不会意识到少了我一个。

我却像只流浪猫，深一脚、浅一脚地走在雪地里，不知道什么时候才能走回家。

走出了繁华的南京路，行人和车辆都骤然少了……

天津是一个既传统又现代的城市，她的白天就像一个妆容得体、衣着大气的北方姑娘，晚上则像姑娘卸了妆后瓷白色的脸。相较于凌晨一点还热热闹闹的武汉，天津十点以后的街道已是“荒无人烟”，你只能听见北国的风呼啸着卷起落叶又漱漱落下的声音。

而那一夜，它安静得更像是一座染了瘟疫的空城。

不知道走了多久，我的雪地靴都已经被雪水打湿，雪花落在头发上又迅速融化变成水滴，顺着脖颈流进衣服里。手脚早已冻得失去知觉，我像个上了发条的玩偶，机械而又木讷地走在雪地里。但我没有顾影自怜，更没有哭，只是这么走着、走着，我忘了走了多久，终于走到了家门口。

我半天才哆哆嗦嗦地掏出钥匙，打开了门。顾不上关门，我直接冲到暖气片旁将整个身体贴了上去。

温度，对，要的就是温度。

这谈不上温暖的温度之于我，就像是在沙漠中迷路的人渴求一滴水，经历饥荒的人渴望一口饭。

我终于回到家了，终于，终于，回到家了。

整个人顿时像一只断了线的木偶，瘫倒在床上，身上一阵阵地冒着冷汗，头痛欲裂。我才意识到，是发烧了。我只能挣扎着从床上爬起来，准备去洗个热水澡，然后好好睡一觉。

结果，发现家里停水了，别说洗澡，连隐形眼镜都没法摘。

这时手机响了，是妈妈打过来的。

妈妈问我："平安夜过得怎么样？"

我说："挺好的，跟在家里一样，晚上跟同事们一起吃的大餐，然后去唱了会儿歌，现在准备睡了，妈妈晚安。"

我匆匆挂断了电话，就像小时候听到楼梯上的脚步声，就匆忙关了电视一样。我几乎无法掩饰自己声音的哽咽，挂了电话不到三秒钟，便哇哇大哭起来。

至于那晚怎么睡着的，我已经记不真切了。我只记得第二天照常去上班，仿佛昨夜只是一场梦。

没过多久，老板就决定把我调去北京参与新的项目，开出的条件是：升职加薪外加房租、餐饮全部报销。

但是，我一秒钟都没有考虑就告诉他："请您调我回武汉，我想回家，只想回家。"

后来我如愿回了武汉，回到了爱我的人和我爱的人身边。

转眼三年过去，我已不再是那位初入职场怯生生的小姑娘，而是可以独当一面，对自己人生负责的人。我离开了公司，用自己仅有的一些积蓄自立门户。

虽然，中途也遇到过很多困难，比如难缠、拖款的客户，物流、仓储问题和资金周转问题，等等。但是，无论遇到什么棘手的问题，我都会想起 2012 年那个独自流浪的平安夜。

然后，告诉自己，你再难、再辛酸也难不过那个晚上，熬一熬就会过去。

这些糟心事，它就真的过去了。

痛苦本身不是财富，对痛苦的思考才是财富。

成长本身没有多大意义，但拉长了时间轴来看，如今的每一次小小的成就，都是过去的不曾放弃、坚毅忍耐换来的。

我很庆幸自己当初做了创业的决定，而不是在父母安排的事业单位里喝茶、看报纸、逛淘宝，直到退休。

我很感恩身边的一切，虽然还没有过上理想的生活，但也正在大步向前。

这篇文章送给只身在外闯荡的朋友们，你们的辛酸孤苦我也都经历过。

此时此刻，无论你是只身一人寂寥无助，还是被人群簇拥着却仍然感到孤独，抑或陪在你身边的人不是你心中的那一位，你都要相信，为了梦想和生活所付出的每一分努力都去了它该去的地方。

就像从小到大摄入的每一毫升的营养，最终都长成了我们的骨骼和血肉。你今天的每一分坚强和智慧，其实都是由昨日的孤独和痛苦幻化而成的。

在你最难熬的时候，别忘了给坚强的自己一个拥抱，告诉自己："你真棒，我为你而骄傲！"

如此，才算不负青春，不负时光吧。

# 凭什么不能得到一切?

我曾经历过一段挺不顺利的日子：一边筹备着服装品牌的上新，一边规划着代理的法国化妆品的市场发展路径，还要日更 3000 字的微信公众号。

三件完全不兼容的事情需要每天同步完成，令我时常感觉力不从心。

在最难最焦虑的时候，我整夜整夜地睡不着，大把大把地掉头发，黑眼圈比眼睛还大。总算挨到服装可以上架了，我的店长却给了我一份巨大的“惊喜”：早早注册妥当的淘宝店铺，又因故无法上新。

如此一来，所有的计划全部打乱。

我直感崩溃。溃成海啸的心绪，毫不留情地把我拖拽到谷底。

冷静了 15 分钟，我抹干泪水，叹了口气，决定先将服装默默上架到有赞店铺，不做任何宣传，让死忠粉[①]们先拍先买。等收到她们的第一批买家秀，淘宝店铺可以恢复运营后，再请一位厉害的

---

① 死忠粉：“粉”源自英文 fans 一词，即追捧者、粉丝。前面加上“死忠”，表达了粉丝对其热衷的对象是死心塌地地喜爱。

美工重新设计一下，正式上架开卖。

服装迟迟无法上架的确使我感受到极强的挫败感，但我给自己打气，成就感和挫败感就像我与自己的影子，影子一路尾随，是为生活常态。

随后，买家秀纷至沓来，忠粉们都夸赞新衣甚合她们的心意，那点挫败感也一点点被打破。慢慢地，无论是店铺，还是我的个人状态，都有条不紊地回到了正轨。

生活，其实有时候需要一种盲目乐观的精神。

每个人的不顺利都是暂时的。当我们为一件事付出足够多的努力还看不到回报时，命运赏赐的大奖往往正等在转角处。

如果你决心得到这份大奖，就一定要撑下去。

只有撑下去，才能得到想要的一切。

前些年有句热门鸡汤：劝各位与自己握手言和。

此话表面上看，似乎有一定道理，但试想，一个人如果与自己的目标、欲望全然言和，是否太“佛系”了些？

如果只想着：哎，店铺上不了新就不上了；今年减不到理想体重就不减了；要存的钱眼看着零头都不到就不存了……

生活得多无趣。

如果只是放弃追求，放弃理想，放弃让自己更为自由、愉悦的生活方式，这样的握手言和，恕我不要。

如果一个人能跟自己的贪嗔痴握手言和，那此人就是得道高僧，值得敬重。不过，凡尘中的我们，哪能和生活真正地握手言和呢？

我们想要每年去国外旅游，想要买优质的护肤品和化妆品用来美容驻龄，想要为孩子提供更好的学习、生活条件……

这一切，都需要我们不折不挠地去和生活抗争。还要和失败、懊恼、绝望拼个你死我活，扭打在一起朝着目标滚去。

一天到晚安慰自己平凡可贵，假装无欲无求，日子就会好过一点吗？

并不会，你只会越来越颓废，最后连梦想都不敢拥有了。

我最喜欢《倚天屠龙记》里赵敏与范瑶的一段对话：

范瑶对她说："郡主啊，有些事不能勉强。"

她怒目圆睁道："不，我偏要勉强！"

"偏要勉强"的背后，是如饿狼一般死死咬住目标的坚定和百折不挠的勇气。就是这种"偏要勉强"的个性，才让赵敏得到了自己想要的一切，成为《倚天屠龙记》里的大赢家。

当然，光有野心是不够的。为了能撑起这份野心，你必须要付出比寻常人更多的努力，拥有比寻常人更坚定的意志力。

前段时间曝光的网红博主黎贝卡，在广州市中心购买了 200 平方米的豪宅一个人住，被无数单身女性奉为"奋斗之圭臬"。然而，在完满之下，你会惊讶地发现，她深耕传媒行业十几年，才取得了公众号 200 万粉丝的成就。

可是大部分人，对美丽人生的追求都停留在了打嘴炮[①]的层面。虽然渴望着富有的生活——住豪宅、开跑车，但落地到日常生活中，却只会说他人的风凉话。

这何尝不算是一种悲哀呢?

有多少人从这一秒开始为“有钱”这件事去努力了呢?

又有多少人可以日复一日、年复一年把自己要做的事全都坚持下来，从而过上梦寐以求的生活了呢?

只有汗水与成就的配比相当，人生闪闪发光，才是应该，才是必然。

回顾自己入行这两年，几乎没有一天睡饱觉，也没有一天不焦虑。

前日里我陪父母旅行，还是几乎每天只睡 4 小时。

微博上的视频里的我往往看起来飘逸自若，神情松弛，无比欢愉。

实际情况却是:

我要在奔驰于高速公路上的大巴里写稿，离开景点后，要立刻赶去供应商位于墨尔本的仓库里选产品、直播，一直持续到晚上 9 点才会结束，饿到只能吃奶片充饥。回到酒店后，继续赶稿，完稿后要给淘宝店的产品录制使用视频，再给粉丝们直播……

一切妥当，才能给自己 4 个小时睡觉时间。晨起，我继续陪爸妈旅行。

上次写日本游记时，有读者留言：有钱真好。

---

① 打嘴炮：嘴炮，网络流行语，意指那些常常发表一些自己无法做到的言论之人，也指以嘴为炮、吹牛、撩嘴子的人。打嘴炮，意为吹牛、空想、空谈。

我回复：我这种“有钱”程度是大部分人都能靠努力达成的。直到今天我仍然这么认为。

我的闺密助理是个95后的小姑娘，目前月入过万。年纪轻轻能比身边大多数同龄人拥有更高收入，其背后，确实付出了多数人想象不到的努力。

小姑娘曾在去川藏线采风的路途中，顶着高原反应修图；也曾在深夜定闹钟起来追热点。

有人羡慕她是自由职业，还有钱挣，却鲜有人了解，她根本没有周末，遇到家里人住院，她得直接把电脑背去医院办公。

其实，大部分人的努力程度，都远远达不到谈机遇、谈天分的程度。

把目标与梦想归功于天赋而忽略努力的过程，自然无法达成心中所想、心中所望。

与其只会羡慕别人，看别人赚得盆满钵满，不如即刻开始努力，用精彩的过程去换一个梦寐以求的未来。

我想我能完成那些心中所愿，你也一定能！

凭勇气，更凭努力。

# 高配置的人生，永远自定义

冯小刚的电影《芳华》大火的时候，我看到这样一个问题：为什么同样因《芳华》出道，饰演肖穗子的女二号钟楚曦比饰演何小萍的女一号苗苗更得网友、时尚杂志和娱乐圈的认可？

归根结底，钟楚曦的脸比较高级。

高级脸的核心是“无欲无求”，五官和气质上都透着对爆款的不迎合。

它有些违背传统审美，因为传统审美多是受男权社会的影响演变而来的。

喜庆脸、旺夫脸都带着浓重的旧时代的烙印，如今的网红脸更是对男性有着直观的性吸引力。

高级脸受追捧，一定程度上是女性审美进化的体现，说明越来越多的女人毫不在乎男性是否欣赏，只要自视其美就足够。

想起小时候上形体课，老师 40 多岁了，身材挺拔，留着一头金色短发，她问我们：

“姑娘们，你们希望因为仪态好、气质佳得到别人的欣赏吗？你们喜欢更优雅的那个自己吗？其实，喜欢镜子里的自己，比别人喜欢你更加重要。”

当年懵懂无知的我，尚不理解老师这番话，这么多年之后，我总算明白了背后的道理。

从小我们就学着让别人喜欢自己，有没有想过让自己喜欢自己？

自己都不喜欢自己，那别人怎么喜欢你？

无论年芳几何、高矮胖瘦，那些充满自信、内心笃定的姑娘都有着同样的特点：

决不把他人的喜好和评价凌驾于自我之上，她们有着自定义的评判体系和坐标轴，而不是在别人的评判体系里扮演一条可悲的抛物线。

做一个让自己喜欢的女人很重要，但是，特别难。

中国社会的价值观很单一，男人大多喜欢白瘦美，无法理解更无法欣赏多元化的美，例如丰腴之美、成熟之美、健硕之美以及智慧之美。

女人活在男人的价值衡量体系里，被年龄和身份困住，变得不自信，不喜欢自己。

最近，40 多岁的许晴独挑大梁，成功出演了持续 7 小时的话剧《如梦之梦》，大家都称赞她美得像艺术品。

而一年前，许晴还因为晒了在巴黎街头喝咖啡的照片，被很多人骂“不要脸”。

在骂她的那些人的眼里，过了 40 岁的女人，没资格去巴黎，没资格美丽，没资格与小鲜肉①做朋友，更没资格在网络社交平台晒自拍图……

但许晴却回复，她喜欢 40 岁的自己。

无论是否年华已逝、身材走样，她就是喜欢 40 岁的自己。

面对那些嘲讽大龄女嫁小鲜肉的声音，40 多岁的伊能静在微博中回应：

“那些以为只有年轻才能被爱的女人，是不是也认为自己老了被遗弃是活该？男人只该娶年轻女人，是父权社会自私的借口，他们挑起女人的斗争，让更自私的女人互相攻击，年纪、身材、出生、生育能力，仿佛青春是唯一的价值，但同年龄的女性本就各有各的风景，这些扭曲的价值观，只为了给人借口——喜欢年轻的才叫正常，也成了熟龄女性放弃自己的理由。”

“为什么要女人接受这种贬抑？还嘲讽同性失去青春就失去追求自我的自由。强大的女性应该团结在一起，让多数人知道什么时候我们都能活得很精彩，生命的丰饶更可以跨越时间。真正活出自己的女人，灵魂绝不会被他人绑架，更不怕被任何扭曲的思想遗弃。”

我的堂姐，明明长了一张周慧敏的脸，温婉清秀，却非要剪一头“小男士”短发；明明考上了公务员，却非要去智利教汉语；明明可以跟恋爱五年的男友顺理成章地结婚生子，却甩下一句“感觉不到爱情了”，立马分手，尽管当时已年近三十……

---

① 小鲜肉：最早是中国粉丝对韩国男性明星的称呼。如今多指年龄在 14–25 岁之间，性格纯良，感情经历单纯，并且长相俊俏的男人。

在长辈眼里，她特别不讨喜。

三十好几没结婚，没生孩子，没有固定工作，去年还整背文了身。

翻开堂姐的朋友圈，我看到这位三十好几的未婚女性活得热气腾腾、随心所欲。世界各地的风光，都融汇成她眼波里的故事。她活得松弛、肆意，毫不介意笑容间带着鱼尾纹，还有露出的牙龈。

堂姐的每一张照片都透露着同样的信息：我爱自己，胜过一切。我的人生，就是要一刻不停地取悦自己，至于其他人对我的看法，那都不值一提。

我认为堂姐享有的，就是一种高配置的人生。因为她的人生是自己去定义的，也洋溢着愉悦与自足。

你是否想过，“完美的你”以及“做别人眼里的人生赢家”只是一场骗局。

“完美”本身并不存在，不断追求“完美”也并不能使你真正感到快乐。通往人生赢家的赛道从来都没有别人，对手永远是昨天的自己。

那么真正的快乐是什么呢？

是内心的淡定与从容，是对自己的赏识与认可；是永远在内心深处给自己加油的动力；是管他有没有人欣赏，都觉得自己美翻了的自信。

拥有爱情的女性，也需要去思考这样的问题：

我爱你，但我是否应该更爱我自己？不要因为爱一个人，变成无底线取悦男人的芭比。

有多少姑娘，一生都活在满足男人的审美中？

她们不仅放弃了自己心仪的发型、肤色和打扮，也逐渐失去了自我和灵魂。即便是拥有美服，住着豪宅，也不过是男人豢养的金丝雀。

而更可惜的是，丢失了自我和灵魂的女人，只会成为爱情里最容易被厌倦、被抛弃的物种。

要他时刻惦念你，并不意味着他一条微信，你就飞行万里，而是专注自我成长与事业发展，成为能与他比肩齐飞、深夜聊天的灵魂伴侣。

要他爱你爱到灵魂深处，并非满足他一切所需就能达成，而是做一位灵魂肖像比皮肉更美艳，令他永远保有探究欲并发自内心欣赏的女人。

你会发现，那些心无旁骛、专心朝拜自己的女人才最迷人，最令人无法忘怀。

女人，要永远盛放于自己的价值体系中，找到自己认同的美、期待的爱。

这才是高配置的人生！

观看柳主任分享视频，活得热气腾腾。

# 聪明的女人，都会在黄金时间把自己置顶

前些天我跟闺密一起去旅行，在鼓浪屿逗留的最后一晚，我们去了一家小酒馆喝酒谈心。

酒过三巡，她微醺着对我说："你知道吗？看到你我就想到了自己的27岁，那时候的我，没有事业也没有自我，生活就是围绕着婚姻运行的。"

"在我最美好的那几年里，留下的记忆全都是琐碎、平淡的生活。如果可以重来，我一定不会那么早结婚，更不会从众地那么早生小孩。30岁以后，虽然凭着一身孤胆与坚持实现了事业理想，但总要抽出大量精力去弥补20多岁时的错误决定，而不能像你这样无牵无挂放手一搏。"

这段话听起来实在太熟悉，在我的青春岁月里，许多姐姐也像闺密这样感叹过。我也对那些二十一二岁就非常明确自己要什么，大步流星地迈向梦想的年轻人说过这些。

如今的我一天也不敢懈怠，因为在更年轻的时候，我浪费了许多时光在毫无意义的事情上，所以这三年更要抓紧把前几年欠的"债"给补上，才可能在30岁的关头勉强跟那些从20岁开始就稳扎稳打、坚定前行的姑娘们站在同一起跑线上。

由于社会意识形态的影响，中国姑娘普遍活得比较着急。小学想要找关系提前一年入学，大学想要提前实习，提前找工作。若是25岁前完成了结婚生娃两大壮举，就会被朋友圈里的三姑六婆称为“人生赢家”。

而“人生赢家”们25岁之后的生活是这样的：拼二胎，在家长群里当意见领袖。除此之外，她们不再有任何目标，同时，父母、公婆和先生也不希望她们拥有其他想法，只扮演好母亲、好妻子、好女儿的角色就足够了，直到生命终结……

这样的生活在我看来非常可怕。

因为，没人关心你在想什么，更没人关心你想要成为什么样的人。

那个时候，倘若你突然觉醒，自我意识破土而出，全家人都会反对和打压你。因为，你突然的自我触犯了他们每个人的利益。

他们习惯了你以母亲、妻子、女儿的角色对这个家庭的付出。他们心里很难接受你突然想要放下一切，去为自己做点什么。

闺密靠写作熬过了严重的产后抑郁症。幸运的是，身边还有非常支持她的父母，帮助她从一地鸡毛的婚姻中解脱出来，奋力奔向梦想的灯塔。

即便在如今的中国社会，大多数女人也最终不得不妥协于家庭和社会的期望，而逐渐遗忘自己想要成为谁。

自己想要成为谁是你自己的定位，如果你缺乏这个清晰的定位，就会有一些莫名其妙的人打着爱你、关心你的幌子帮你定位。

例如：女人最成功的标志就是嫁个好老公，所以你被定位成了某某太太；没有什么是比教育好孩子更值得骄傲的事，所以你干脆连微信名字都改成了某某妈。

你是谁？没有人会在意，渐渐地，就连你自己也不在意了。

我25岁的时候，看过美籍华人、前洛杉矶副市长陈愉女士写的一本书，叫作《30岁前别结婚》。

这本书对我影响很大，让我知道了：多少岁结婚不重要，重要的是你要学会在人生的黄金时间里把自己置顶，而不是渴望通过婚姻去逃避一些你本该面对的成长和责任，这只会把你逼入绝境。

作者接受采访时也有如下观点：

“我们都必须承认，我们成长、认识自己，得到稳定的生活都是需要时间的。神经医学专家认为大脑要到20~30岁才会完全发育好，这意味着当你觉得自己还不成熟的时候，那可能是对的。”

“社会学家保罗·阿马托在《一起孤独：美国婚姻的变化》一书中写道：在年龄大一些的时候相识结婚，能够提高婚姻的成功概率，因为三十多岁的单身人士更自信，情感上更成熟，他们的婚姻与年轻夫妻相比，存活率更高。”

“相对于20多岁的早婚，年龄较大时结婚的夫妻离婚和婚姻出现问题的可能性较小。所以，不要跟一个错误的对象过早结婚，这会令你无法遇见自己真正的灵魂伴侣。”

“而就算你跟对的人在一起，如果你没有准备好，你不会知道，他也不会知道。年轻是幸福婚姻的头号障碍。”

“当然，那些晚婚会导致唐氏综合征、怀孕困难的说法也是过分夸大。20 多岁的女性生孩子不患唐氏综合征的概率是 99.95%，首胎不孕概率是 11%，40 多岁的女性生孩子不患唐氏综合征的概率是 97.0%，首胎不孕概率是 27%，而这些远远小于因为过早结婚而离婚的风险。”

陈愉本人 37 岁才结婚，如今 47 岁的她拥有两个活泼健康的女儿。在担任洛杉矶市副市长之前，她曾是一名出色的房地产经纪人。在那之后，她又去猎头公司做起了 CEO，后来开了个博客写作，无意中被一位编辑看中了，才有了这本风靡全球的畅销书。

聪明女人都会在黄金时间把自己置顶，而不是把宝贵时光消耗在为家庭牺牲奉献，为婚姻委曲求全上。

著名主持人董卿在岗位上奋斗了 20 年，终于坐稳央视一姐的宝座，43 岁才生子的她又很快投入到新节目《朗读者》的筹备之中。

她说：“其实你希望孩子成为什么样的人，你就去做一个什么样的人。所以我应该努力把自己变得更好。”

“让他在未来真正懂事的时候，对你有爱也有尊敬。从你身上可以学到一些好的品质。”董卿还感慨，“我不想因为孩子放弃成长的可能，不想因为他变得止步不前。”

懂得在黄金时间把自己置顶的姑娘，最终都活成了自己渴望的模样。

她们明白：我这一生是为自己而活，只有我是自己生命的主体，其他皆为客体。

女人的黄金岁月有多长，不是由社会决定的而是由自己决定的。你有多“自私”，把自己置顶的时间有多长，你的黄金岁月就有多长。

青春短暂，用到哪里都是浪费，不妨浪费得更有价值一些。

# 女王心修炼指南

有个鸡汤段子这样说：如果没有公主命，就存一颗女王心。

我想大部分人都不是天生的公主。

而女王心则是无论出生在什么家庭的女孩都应该拥有的东西，因为来自生活的暴击会很多。

原生家庭矛盾，成绩不好，长相难看，情感伤害，先天肥胖，交友不慎，体弱多病，职场受挫，亲人离世……

没有一个女孩从小到大可以完美避开以上所有暴击。

至于一个普通女孩一生中可能遇到多少糟心事，我建议大家，特别是有女儿的妈妈去看一下《伯德小姐》这部电影。电影讲的是一个女孩在高三一年里发生的事，相信看完你会来谢谢我的。

女王心并不是要去统治谁、奴隶谁，而是掌握自己的生活，管理自己的情绪，让我们的内心充盈、自信且强大。

然而这种能力我们每个人都是可以通过后天习得的。

既然有一种应激反应叫作习得性无助，那为什么我们不能通过自我训练，变成一个习得性理智、习得性坚强、习得性体面的人呢？

**所以女王心修炼的第一步，就是相信自己可以成为掌握自己命运的人。**

相信自己有能力改变可以改变的事，接受无法改变的事，并且富有智慧地区分这两种事。

**第二步，永远记住：除了天灾人祸，没有人可以真正伤害到你。所有人对你造成的伤害，都是你允许的。**

举个例子：男朋友劈腿了你很难过，因为你爱他、依赖他，所以是你允许这种伤害发生的。

如果他出轨后你迅速断了这种爱跟依赖，伤害就失去了生长的土壤。当你不再允许这种伤害发生，他的行为就无法伤害到你了。

**第三步，增强防御体系，永远不把鸡蛋放在一个篮子里。**

几位统治过英国的女王，她们有谁因为爱情和婚姻崩溃过？一个都没有，因为她们的人生角色定位远远不只是一位妻子。

她们的职业叫女王，女王绝不仅仅是王室的吉祥物，每年戴着皇冠拍拍挂历就好。就像那部得了奥斯卡奖的电影《女王》里描述的那样，女王的工作日程排得非常满。

所以你要做的，就是像一位真正的女王那样：不要囿于厨房与闺房，更不要把婚姻当成猎场。你的目标是星辰大海，你的眼里当有冰川极光。

亲情、爱情、友情都要兼顾，事业、家庭、爱好均不可少。你才不至于因为其中一项的塌陷而陷入绝望。

就好像 Facebook（脸书）首席运营官桑德伯格深爱的丈夫去世后，忙碌的工作才是解救她的良药。

你的城墙够夯实，防御体系够强，才不至于因一角陷落而满盘皆输。

女王心说到底是什么？无非是做好了万全的准备以应对生活中随时可能出现的暴击；无非是在心里预设过最坏的情况，却依然用最积极的态度去生活。

皇冠很重，当女王很累，可不当更累。生活里可以偷懒的总量是固定的，年轻时混沌度日贪图享乐，到中年必定要加倍奉还。

然而那个时候你的精力、体力、学习能力均不胜从前，想要重新规划你的人生只会更难。

所以小公主们，不要害怕，请快点戴上皇冠，拿起权杖，去做一个英勇无畏的女王吧！

# 付出感是谋杀人类情感的元凶

在家重温经典美剧《欲望都市》，感觉读书时把这部剧当作20世纪的Gossip Girl（《绯闻女孩》）是年纪小没看懂。

比如，第六季里理想主义者夏洛特小姐在跟近100位男士约会后，终于找到了她的丈夫——一位各方面都非常完美的男人。

可惜他信犹太教，并且母亲的遗愿就是让他娶一位信奉犹太教的女人。而夏洛特从出生以来就是虔诚的基督徒。她权衡再三，决定为了爱情放弃信仰，加入犹太教。当她抛弃了上帝，甚至在过圣诞节的时候把圣诞树扔出家门时，她觉得非常委屈，感到自己为了完美先生放弃了一切，甚至背叛了上帝。

直到某日，夏洛特把从不做饭的闺密们请到家里，大家手忙脚乱地忙碌了一整天，帮她准备犹太教复活节的晚餐，想要给她的完美先生一个惊喜。完美先生下班回家后看到这一切非常感动，但是吃饭时，他习惯性地打开电视开始看球赛，而忽略了与夏洛特交谈。

夏洛特十分愤怒：“我为你准备这些我并不熟悉的复活节晚餐耗费了一整天，难道你就不能关掉电视好好跟我说会儿话？”

完美先生反驳道：“我很感激，但我不过是想看一眼球赛。这场比赛很重要并且我已经调成静音了，你继续说，我听着呢。”

夏洛特忍不住歇斯底里地咆哮："我为你放弃了上帝，放弃了圣诞节，我为你准备了一天的复活节晚餐，为什么你还要继续看这场该死的球赛？！"

完美先生愤然离席，只留下她一个人杵在原地。

虽然他们后来还是和好了，可这终归是电视剧，现实生活中可没那么多破镜重圆。

付出感才是扼杀爱情的元凶。

从夏洛特爱上完美先生的那一刻，她就了解到他只能娶一个犹太教徒做妻子。为了他的那份完美，她心甘情愿改变自己的宗教信仰去迎合他。整个过程中没有人煽动她，没有人强迫她，只有她想要跟完美先生结婚的欲望在驱使她。

那么她所有的付出都是自愿的，怨不得任何人。只是渐渐地，她觉得不值得了，不平衡了，于是开始索取回报，却忘记了这一切本就是她忠于自我的个人选择。

每个成年人都应该为自己的选择买单，一旦认为不值得，要有随时放弃的勇气。而不是时时刻刻把"我为你做了多少，而你为什么不为我做点什么"挂在嘴边，这是赤裸裸地利用他人的内疚感进行的道德绑架。一次两次也许管用，时间久了，爱就会变得沉重，使人想要逃离。而当一个人心理不平衡，想要疯狂索取回报时，这段感情其实已经慢慢走到穷途末路了。

爱情里最棒的心态就是：我的一切付出都是心甘情愿的，我对此绝口不提。你若投桃报李，我会十分感激；你若无动于衷，我也不灰心丧气。直到有一天我不愿再这般爱你，那就让我们一别两宽，各生欢喜。

相比于爱情，强烈的付出感也在时刻谋杀着我们的友情。

你是否也听到过：

“上次那么冷的天我都陪你出去做头发，你今天晚上来机场接我一下怎么了？”

“每次聚会都是我买单，哥们儿现在手头紧你不会这点钱都不借给我吧？”

“看在你逃课我每次都帮你点名的份上，毕业论文你就帮我写了吧！”

遇到这样的朋友，我一般会满足对方当下提出的要求，然后不再参与其之后的人生。这类人把为朋友做过的事都放在天平上去称，一旦发现对方的回报缺斤少两便立刻无情翻脸。

交朋友应该是真诚的，并非一场赤裸裸的交易。

我从来都不是这样的人，我也不想交任何一个这样的朋友。我对于朋友圈子的挑选一向谨慎严格。朋友是我后天选择的家人，是要在父母百年之后继续相互陪伴彼此照顾的家人。我认定的朋友就会是一辈子的，如果你没有通过考验或者半路撤离，我也不会把你在半夜哭着笑着只讲给我一个人听的秘密告诉他人。我会微笑着和你告别，这是对我们走散的友谊最大的尊重。

不过，无论是恋人还是朋友，相处下来若发现彼此不合适都是可以重新选择的，只有家人是无法替换的。可通常我们的父母就是付出感最强烈的那个人。

小时候，我们常常会听到：

“我含辛茹苦把你养大，为什么你不能像隔壁家的小孩一样乖？”

“我为了方便你读书把家都搬到学校旁边去了，为什么你还是考不了前三名？”

长大后，这样的声音也不绝于耳：

“你要是坚持跟某某结婚，我就当没有你这个孩子。”

“你去那么远的地方工作，我们老了怎么办？这个孩子真是白养了！”

“你要是还当我是你妈（爸），就安安心心做我给你安排的工作。”

无论内容是什么，其中心思想归根结底就是：我为你付出了这么多，所以你一定要听我的话。

毋庸置疑，每个做父母的都是爱孩子的。可有时候，就是这种沉甸甸的爱，压得人喘不过气来，让无数孩子不顾一切想要逃离。

可能我从小到大都是“不太听话”的小孩，虽说成长轨迹里也没做过什么真正出格的事，但是在考学、找工作、结婚生子这种大事上我从没遵循过父母的任何安排。在我很小的时候，妈妈问我为什么跟别人家的小孩不一样，我非常肯定地说：“是的，我就是跟他们不一样，我为什么要跟他们一样？”

渐渐地，父母也接受了我的“不一样”，没有以爱的名义过分干涉我的人生。我始终记得妈妈跟我说过的一段话：“你要对自己的人生负责，如果你一天都不愿意工作，我们也可以保障你这辈子基本的生活。但是你想要的限量名牌包、豪车、环游世界我没有这个义务提供给你，你想要的一切基本生活以外的东西，都要靠自己去创造。我们对于晚年生活的一切都已安排妥当，并不需要你养老。你所有努力的受益人都是你自己。”

小时候，我觉得妈妈对我管教十分严格，甚至有些不近人情。长大后看到她口中那些“别人家的听话的小孩”都还在做着父母安排的工作，跟父母安排的对象结婚，20 多岁的人过着 50 多岁的生活。我突然很感谢她的“苛刻”，也很庆幸自己坚持的“不听话”。这让我跟她都以一种更加轻松自在的方式去享受人生。

她不是那种照顾我饮食起居，整天给我买这买那的妈妈。所以我从小就比其他孩子独立，毕业后也基本实现了经济独立。她从不把生活重心放在我身上，比如我发着高烧在家昏睡，她提前约好了牌局照样打扮得漂漂亮亮出门去。所以我丝毫没有“公主病”，对于朋友、恋人的关心从来都是滴水之恩以涌泉相报，从不视作理所当然。

她对我没有那种异常强烈的“付出感”，自然也不会时时刻刻地索要回报。我对她也没有“妈妈为我操碎了心，付出了一切，而我无以为报”的内疚感，所以我可以心安理得、肆无忌惮地做自己，也能够真诚地对她尽孝心。

我最近时常思考，将来我结婚生子，会如何教育自己的孩子？

当他成为我孩子的那一刻，我就欠下了他一份需要用一生去偿还的人情。因为我可以决定要不要这个孩子，而他却是被动地、无辜地被我带到了这个世界。

将来要成为我宝宝的那个人，妈妈不奢求你为我做任何事，甚至不会像你外公要求我那样，去要求你“做一个对社会有用的人”。你选择了我做你的妈妈，可以让我有机会孕育一个生命，听你开口喊妈妈，可以参与你的成长，那便是你给我的最好的礼物。

至于你将来学文科还是学理科，搞体育还是搞艺术，喜欢异性还是同性，我都不干涉，都支持你。你若成为对社会有用的栋梁之材，妈妈感恩欣喜。你若只想做个普普通通的，站在路边为栋梁之材鼓掌喝彩的平凡人，妈妈也一样视你为我的骄傲。

毕竟我这一生，既不想跟人比出身，也不想跟人拼婚嫁，那么自然也不会把孩子当作跟街坊四邻、亲戚同学炫耀的工具。我会尽量努力，让你有个很棒的妈妈，但绝不要求你成为能力多高的孩子。我没有什么未了的心愿需要你替我完成，你想去地球上任何一个角落定居，我也不会阻拦。

如果真要说妈妈对你有什么要求，那么我希望你是一个善良正直的人。如果再奢侈一点，希望你的存在能够有益于他人，让他人欢喜。就像鲜花一样，无论何人看到、何人闻到，都会心生愉悦，我想这就是你在尘世最好的模样。

“付出感”是每个人与生俱来的补偿心理，但不代表这就是正确的。

往往要顺着天意做事，逆着个性做人，才能拥有更为精彩顺遂的人生。那么从现在起，别再让付出感谋杀你的人际关系，全身心投入地去爱身边的人吧。

你会发现，有机会为了自己热爱的一切付出，这本身就是最大的幸福。

## 善于控制情绪，才能成为人生的总攻

观察一下身边人，那些所谓的成功人士或者在自身领域做到登峰造极的水平的人，是不是普遍情绪比较稳定？而那些所谓怀才不遇或者生活境况比较差的人，是不是情绪波动比较大？

我们形容老年人通常用“慈眉善目”这几个字，是因为老年人在人世间修炼了很多年，什么大悲大喜都经历过了，所以待人接物比较宽容，不会轻易发脾气，所以才会修得一副慈眉善目的面容。我们不会说哪个 18 岁的姑娘慈眉善目吧。很显然，温厚的智慧需要时间来沉淀。

实际上，你什么也不做，年纪大了情绪也会渐渐稳定的，这跟激素分泌也有关系。但是很显然，你不可能等到 70 岁的时候再用“情绪稳定”这种高贵美好的特质去吸引一个同样高贵美好的另一半。

所以接下来我要聊的是：一个二十多岁的年轻人如何拥有稳定的情绪。

作为一个从情绪非常不稳定到比较稳定的人，我想我的经历对大家还是有一定借鉴意义的。

首先，我们要明确一点：情绪稳定并不是看破红尘无悲无喜，直到无情绪，而是把喜怒哀乐都控制在一定范围内——合理合法地表达情绪，不要伤人又伤己。

一个情绪不稳定的人，对别人的伤害只有爆发的那一瞬间，对自己的伤害则是源源不断的。为了能够舒心、愉悦地生活，我们也要与这种不稳定的情绪做坚决的斗争。

**第一，有序生活可助力情绪稳定。**

坚持正常作息，正常饮食。有序的生活对拥有稳定情绪极有帮助，因为人们对“无序”本身会产生恐惧和厌烦的情绪，再加上无序生活会使我们内分泌紊乱，进而直接影响我们的情绪。

睡眠不足对于情绪的影响已经被科学界证实，如果一个人无法保证 7 小时以上的睡眠，情绪就很难稳定。长期睡眠不足所导致的烦躁、暴力倾向非常明显。即使无法做到早睡，起码要让自己睡够 7 小时。

我最大的感受是，当我朝九晚五上班的时候，情绪是比较稳定的。后来辞职创业再到现在做公众号，我经历过一个情绪非常不稳定的过程。

区别只是，以前我的情绪不稳定会影响别人，现在只会影响自己。周围的人看不出我有任何情绪异常，只有我自己知道，此刻我正饱受情绪问题的折磨。如果做不到有规律地生活，建议大家至少要远离咖啡和酒精。

再就是，如果没有有规律的作息和饮食习惯，至少要有规律地运动。在你心烦意乱、怒气冲天或者郁郁寡欢时，不妨试试跑步或者不带手机去健身房里做一个小时的力量训练。

当专注于一项重复的运动、大脑完全放空的时候，我们除了调整呼吸不会产生任何其他想法。结束运动时，你会惊喜地发现，之前的所有不良情绪都被抚平了。

另外，许多逃避型人格的人无法直面自己的情绪问题，但往往只有直面那些让自己产生不良情绪的根本原因，然后解决它，才是处理情绪问题的关键。

例如，我的朋友张小姐，一直兢兢业业，却忽然变得工作不积极，下班了也不愿意参加同事的聚餐活动，总是闷闷不乐，郁郁寡欢。

我问她为什么，她告诉我：最近大姨妈期间感觉很烦躁；同事聚餐很无聊，参加那个浪费时间；晚上没睡好，所以白天没精神上班。

但根本原因是什么呢？是她在和男友冷战，一周都没联络。于是我鼓励她主动与他联系，没想到对方也在等她的电话。于是两人很快打破僵局，和好如初，张小姐也恢复了正常。

有些人不善于面对自己的问题，总是本能选择逃避。但是那个导致你情绪不稳定的根本问题得不到解决的话，你的情绪很有可能一直不稳定下去。因为逃避型人格的人往往不擅长转移注意力，所以身边的朋友最好尝试帮他们揪出关键问题，然后解决它们。

**第二，收入状况影响情绪稳定性。**

说完了生活习惯方面的问题，我们再来谈谈现实层面的问题。那就是，收入不稳定的人情绪也很难稳定。

公务员和街头艺人谁的情绪更稳定，上班族和创业者谁的情绪更稳定？我们不谈收入的多少，只谈收入的稳定。毫无疑问，收入稳定的一方情绪更稳定。

因为导致情绪不稳定的因素，很大一部分来自压力。创业者以及自由职业者往往面临着更多压力和更多不稳定情绪。那么解决它的，就只有一种方法——赚钱。

经济上捉襟见肘，对未知收入的担忧以及对未来生活的恐惧就会增加。稳定收入和财务自由并不能保证一个人完全不遭遇情绪问题，但至少心态会相对平和。

**第三，远离情绪极端不稳定的人。**

远离那些情绪极端不稳定的人，无论他们看上去多么吸引人，要知道炮弹往往都被糖衣包裹着。

那些幼稚、暴躁、易怒且性情反复无常的人，非常善于把一个情绪稳定的正常人逼到绝路，甚至变得和他们一样。我们的心里都住着一个公主（或一个王子），还有一头暴龙。远离那些把我们内心的暴龙激发出来的人，才能不使生活破碎，落得一地鸡毛。

与情绪不稳定的人在一起，无疑会加重彼此的“病情”，所以情绪不稳定的人是真的需要“隔离关押”，不要让他们聚在一起。一堆情绪过于不稳定的人每天在一起，然后他们会变成什么？暴力团伙、抢劫集团、黑社会、恐怖分子……

**第四，给自己预留重要的三秒钟。**

如果你已经做到了基本的情绪稳定，只是偶尔会失控，那么我有一个非常简单的控制情绪的方法分享给你：非常生气的时候默数三秒再开口。千万不要小看这三秒钟的力量，它能将“动手”变成

“动口”；把十几级台风般的语言暴力变成一场中雨。也许一场暴力事件就因为犹豫了这三秒钟而被扼杀在了摇篮里。

情绪不稳定的人，最缺乏的是“冷静”。失控时习惯给自己三秒钟，强迫自己学会冷静。

再来，当你情绪不稳定的时候，不要着急做任何决定，记住你是一个沉稳睿智的人，别做一些分分钟让自己后悔的蠢事。当你想要冲到领导办公室破口大骂的时候，当你想要脱口而出“老娘不干了！”的时候，我建议你至少冷静24个小时再做决定。如果到时候你依然想这么做，我百分之百支持你。

我曾在一篇文章下面看到了一句非常精彩的读者留言：每次说分手前，我都会冷静地思考三天，所以每段恋爱我都多谈了三天。

没有人会去谴责一个每段恋爱都礼貌地提分手的人，我们只是鄙视那些三天两头说分手，时时刻刻都后悔的人。也许他们只是不够冷静，情绪不够稳定，然而不冷静常常会被认为是缺乏责任感和幼稚的表现。

缺乏责任感的幼稚鬼在工作上不会被委以重任，在感情上更加不会一帆风顺，他们的人生就是一个大写的失败。所以我们不能被无常的情绪控制，我们要学会控制它、驯化它、征服它。我们要做自己人生的总攻！

最后分享一段我非常喜欢的话：

让自己不为难的最佳方案是不把自己放到为难的境地中。

修正一个错误的最好办法是不要让这个错误发生。

挽回一段关系的最好办法是不让关系破裂到如此地步。

这些听起来像是废话，但实践起来却非常有效。很多人的左右为难其实都是自己作死。我们总觉得去做一些事能够帮助我们更好地解决自己的问题，但是我们可能没有想过，有时不去做，才是解决问题的最好方式。

善于控制情绪的人才能成为人生的总攻，失控的情绪造就失控的人生。希望朋友们都能跟自己的情绪和平共处，搞定这个善变又磨人的“小妖精”，做个不悲不喜、悠然自若的人生赢家。

# 第二章

Chapter 2

# 做一颗玫瑰色的子弹

# 中国姑娘，败就败在一个循规蹈矩上

我的微信公众号后台曾有位读者私信我，信的内容大致是这样的：

主任你好。我今年30岁了，生活在一座小县城，距离比较繁华的杭州一小时车程。我在县城最大的医院工作，年薪10万，其实拿到手没有这么多，工资有很大一部分交了公积金、社保。

我的老公也是医生，工资比我高很多。我们有一个两岁的女儿，买的房子也差不多装修好了，花费近400万，一个月还房贷4000多，压力不大。

但是目前这种生活让我很困惑，我的工作不算忙，按我自己来说，就是一天8小时坐着等死，毫无激情，而且还没钱。我很想做一些自己喜欢的事情，不想被困在体制内，所以辞不辞职，已经困惑我两年之久了。

老公并不支持我辞职，以他的话讲，每天不忙，还给你这么多别人不一定赚得到的钱，以后退休还有保障。他是个非常理性的人，不会吵架反驳我，却用几句话就噎住我了："辞职了你干吗？想好退路没？想好了你就辞。"

我不知道干吗，所以一次次作罢，但是我知道再这样下去迟早有一天会耗尽我对生活的全部激情。所以我想问主任，我这个岁数，还想打拼一下，是不是很天真？

读者的问题使我想起了某一期《奇葩说》的舞台上来的一位清华的博士生，他叫梁植。

梁植是什么身份呢？

清华知名学霸，本科学了法律，硕士学了金融，博士又念了新闻。

他问了三位评委一个问题："我该找一个什么样的工作？"

平常温和幽默的高晓松一下就怒了：

"其实来之前，清华的校长和书记都向我推荐过你，你应该是清华最优秀的在校博士生之一，可是你今天的表现太让我失望了！

一个读到博士的人竟然要问别人，我是谁，我从哪里来，我要找什么工作，这就好像是一个姑娘说，我身材又好，长得又漂亮，皮肤又白，家里又有钱，你觉得我应该嫁给谁？

你就是北京话说的'我干什么成什么，所以我什么都没干，什么也没成'。

我可以继续按你的逻辑讲，如果你学了金融又有人跟你讲，你光学了金融又没干过实业，那怎么着，再学机械？那你又学了机械，可是这里面的电理又没有干过，那怎么着，你再学电理？"

这个时候，蔡康永也意味深长地说了一句："你因为别人的一句话而赌下自己的好几年人生，没有自己的判断，真的很危险！"

最后高晓松说出了自己失望的原因：

"我觉得你没有达到一个名校学生应具有的胸怀天下的眼界。

名校是干什么用的？名校是‘镇国重器’！

名校培养你是为了‘让国家相信真理’，这才是一个名校生的风范，而你直接问我应该找个什么样的工作，自己都不知道想要的是什么，你不觉得愧对清华这十多年的教育吗？”

中国女人的困惑，和这位清华博士别无二致。

小时候，我们被教育要好好学习，但是却没有人告诉我们好好学习是为了什么。我们一路奋斗，取得不错的分数，上好学校，找好工作。沉在水下的“原因”才慢慢浮了上来。

原来，我们被期望找一个好男人，成立家庭，接着是生孩子，如此，便算是完成了此生的终极夙愿。

循规蹈矩，所以迷茫终生。

在看《无问西东》的时候，许老师的老婆淑芬的故事使我震惊。她不仅在爱情上循规蹈矩，追求一朝情深，永不变动，她的人生也因为这份循规蹈矩最终作恶。

不愿意跳出死循环的淑芬，最终跳井而死。

还有多少当代中国女性，正陷在当下的死循环里。

60 年代的淑芬不懂，她的归宿，不该只是那一个男人。

如今，你是否明白，你的归宿，也不该只是男人、婚姻和家庭。

循规蹈矩的女性是无趣的，因为她们没有自我。

她们一路按着家人、学校、导师和社会风潮的“怂恿”行走，她们也在行走之中迷失，不知道自己要什么，更不知道，该从何处寻找自己的心、自己的爱和自己的梦想。

她们不曾体验过在巴黎街头如时髦女郎般的回眸浅笑，在埃菲尔铁塔亮灯时分感慨万千的热泪盈眶；她们也没有成功地与子女、丈夫沟通，享受生活的乐趣；她们圈子极小，小到只能容得下丈夫和孩子，连自己都装不下去……

这样的人生，当然是失败的。

因为，麻木没法带来快乐。

我的这位读者的情况总体来看是乐观的。

能够在 30 岁的时候，有所觉醒，实乃不易。

她是一名医生，在当地最好的医院工作，读书阶段应该也享受了最好的教育。

如今，她站在 30 岁的十字路口，左手家庭右手梦想。本质上，她所面临的，是稳定的生活环境与未知的新鲜挑战之间的抉择。

她的表现是女人进入 30 岁，结婚生子、尘埃落定后的一种焦虑。这种焦虑很多人都有，只是每个人的表现形式不同。

有的人选择出轨，有的人毅然辞职环游世界，有的人看老公怎么都不爽非要离婚，还有很多人单纯对现状不满，却也没有任何具体规划去改变现有轨迹。

这是对生命和青春飞速流逝，自己却束手无策的恐惧和愤懑。

但我很欣慰的是，她开始有意识地渴望打破过往的常规了。

不甘和困惑实属正常，很想辞职又不知道辞职后干吗。所幸，读者的丈夫还能冷静理智地为她分析，并劝她想好退路再做打算。

所以，要么踏实工作，要么想好后路并且做好充足准备再辞职。

毕竟她不是一人吃饱全家不饿的单身汉，而是上有老下有小、需要供房养车的家庭的中流砥柱。成年人的生活，始终逃不过“责任”二字。

背好责任的行囊，负重前行。

她已然迈出了跳出框架的第一步，早已和那些陷在三纲五常里的守旧之人不同。

我相信，坚持下去，她会拥有属于她的快乐和幸福。

# 那些喜欢诉苦的人，大概会一直苦下去

这是我创业三年以来，第一次崩溃大哭。

引发这场哭泣的，只是一件不值一提的小事，与我在这三年里遇到的困难相比，太微不足道。不过，它可算作压死骆驼的最后一根稻草。

那晚八点半的时候，我新开的时尚类微信公众号“爱啊美啊人生啊”在我毫不知情的情况下推送了第一篇文章。

这篇文章是我提前写好了的，下午时候，编辑询问发不发，我明确表示，公众号的欢迎词自动回复都没有设置好，先不着急发，我想给用户一个完美的体验。

但是，她大概是忘记关掉定时发送了，最终文章还是发出来了。

按以往的脾气，我应该第一时间打电话过去骂她一顿。

但那天我没有这么做，我在赶一篇关于萧亚轩的稿子，工作群里也一片祥和，大家都在积极转发已发送的文章，我不好泼冷水。

事情已经发生了，多说无益。于是我忍了，继续写稿打算明天再处理新号的事。那晚，本来文末要宣传淘宝店双十一的活动，我提前 5 天就同店长交代过了，美妆视频也已然就绪。

结果事到临头，他发给我的店铺名称竟是一堆乱码，头像也是空的，虽说不影响大家购买，但是客户等了这么久，我怎么可以拿如此粗糙的东西去糊弄大家?

于是我的应急方案是：跟明天的二条推送换个位置，明天再上新。

可是编辑又没把文案准备好，于是二条直接浪费了。

没办法，那晚我只好打电话给店长，让他火速把店铺名称、头像改好。可是他告知我改不了，只能由我这边修改。眼看快 11 点，我这边改完再重上二维码就错过推送时间了。

于是我按下了发送键，确保头条文章按时发送。

做完工作，实在是忍不住，我开始崩溃大哭，在电话里边骂边哭，完全停不下来。这样的举动不仅把店长吓傻了，把妈妈也吵醒了。

就这样完全无法控制地哭了好一会儿。五分钟过后，读者开始在有关萧亚轩的那篇文章下面留言了。我一边擦眼泪吸鼻子，一边回复留言，慢慢停下哭泣。

说来也巧，这时候竟然有朋友在微信上问我："主任，你是如何对抗压力的?"

答曰："不好意思，我五分钟前刚刚崩溃大哭了一场。"

回完这条消息后，我陷入沉思。

诉苦这件事，其实很容易。

有个故事是这样的：有只小熊失恋了，每见到一只小动物，它都会跑过去对它讲述一遍自己失恋的事。讲一次，心上的伤口就撕开一次，以至于最后，它把自己给痛死了。

崩溃过后，我开始陷入自我思辨的“内化”过程：

这真是一件小到不能再小的事，既没掉粉[①]也没亏钱，我怎么会产生如此巨大的挫败感呢？

我开始剖析这件事，想来：

一是我没能及时疏导长久以来累积的压力，导致它们一次性爆发了；

二是我现在同时进行的项目实在太多了，两个公众号和两家店，还有一堆琐事缠身。

我已经尽量不让自己出任何状况，但无法保证的是，跟我交接工作的人不犯任何错误。

工作完美的人太难招，作为老板，也不能苛刻待人，我也深刻明白大家每天都在为同一个目标而努力。

我做到了 99%，最后的 1% 却轻轻松松毁在了别人手里，这使我感到更加沮丧，因为它带给我一种局面不受控的无力感。

再看我自己的性格，还是太要强了。

日更公号三千字，坚持自己写不转载；半路出家做品牌，诸事不懂，像个傻子一样从头学起，找工厂、找面料、采购、打版……

我想要做得更好，可与其他不原创却有流量的公众号相比，与那些不找工厂的网络红人相比，真是把自己憋得太苦了。

所以崩溃大哭并不是一时受的刺激，而是长期积累的情绪在一

① 掉粉：因为某事而使粉丝减少，俗称掉粉。

瞬间爆发了。

当我反思至此时，突然感到一阵轻松。

没想到，后来朋友还在微信上夸我文章写得很真诚，我跟她调侃自己刚刚崩溃了一次。

她安慰我："其实每个人都有非常不在状态的时候。最近还有个同行要把公众号迁移，结果不小心迁移成了服务号，每个月只能发四篇文章，现在又要迁移回来，折腾两次掉两次粉，崩溃吧？"

我："那你呢，事业做得这么顺，有没有崩溃的时候？"

她笑："有，但是不多，因为没有那么重的事业心，也做好了打持久战的准备，并且对未来有种盲目的自信。因为野心不大，又没打算做上市，所以慢慢发展总不至于做得太差。

而且你自己认为天大的事，在别人眼里可能并没什么大不了。例如你今天没在'二条'上更新，并不会有人对此提出异议啊。你对自己要求太高了，放松点，主任，不要那么在意一时的得失，我们要做好打持久战的准备。"

跟她道晚安后，我边听音频版的《月亮与六便士》第十三章，边收拾衣柜，直到半夜 3 点才渐渐睡去。

再睁开眼已是上午 10 点，7 小时的睡眠修复了一半的负面情绪，下午在健身房的一堂搏击课修复了另外一半。

当问题已然发生时，诉苦是没有用的，诉苦只会加深心中的苦。

真正有用的是静下心来，进行自我反思。

后来，我转念想想，如果要做一辈子的作家，几天不更新又怎样呢？如果有野心做一个比自己生命还长的品牌，错过了一次双十一又算得了什么呢？

与其将时间用来诉苦，不如内化忧虑。

这时你就会发现，计较一城一池的得失，便无法调整好节奏做更长远的规划。

这种短视行为，是一种愚蠢，一种每个积极进取的创业者都应该避免的“自我感动”。

任何事，一旦把时间轴拉长一点，就会豁然开朗。

老公惹你生气了，想想这是要跟你过一辈子的人啊，为这点事发那么大脾气，以后五十年要怎么过呢？算了，智取！

要是同事没脑子连累你了，你想想还要跟他共事那么久，算了不撕了，和和气气解决问题，争取同样的错误不要犯第二次。

生活中，可以尝试点着孟宗竹味道的香薰，做个 SPA[①]，听听舒缓的钢琴曲（推荐李闰珉的 River Flows In You）；约闺密吃甜品，逛街，唱 KTV；逗逗猫，遛遛狗；叫上你最能唠的朋友吃个烤串，喝瓶酒；或者整理整理衣柜、鞋柜，洗洗衣服收拾下房间……千万不要小看重复的整理工作对心情的治愈效果，这也是主任屡试不爽的奇招。

---

① SPA：源于拉丁文“Solus Par Agula”的首字母，即 Solus（健康）、Par（在）、Agula（水中），意指用水来达到维护健康的目的。这里的 SPA 指由专业美疗师、水、光线、芳香精油、音乐等多个元素组合而成的舒缓减压方式，能帮助人达到放松身心的健美效果。

总之，人生真的很漫长，一路上你会遇到许多糟心的事和不喜欢的人。

不要为眼前的得失耗尽全部心力，把眼光放长远一点，“熬死”那些见不得我们好的人，争取做个事业有成、美丽优雅的老太太。

# 跟生活握手言和，凭什么？

我也有过散漫度日的少年时光，一切以自己开心舒适为主，从来都没有逼自己一把的狠劲。

用如今流行的用语形容就是，那时的日子过得十分“佛系”。

数学常年不及格，算了，考不上好大学人生也不会报废。

常年偷懒从不运动，算了，不运动就不运动，长不了很高也无所谓，反正我又不去当模特。

没有掌握一技之长，算了，掌握了又如何，我十几岁的人去学钢琴还能逆袭李云迪吗？

年少的我，最爱和那位懒惰、散漫、不上进的自己握手言和了。所以回忆往昔，我总觉得虚度青春，因为实在没有什么值得骄傲的事情。

后来创业，结识了许多从少年时代就十分优秀的女性。

她们中，有人从 3 岁开始学习英语，中学时在被窝里面打着手电筒背单词，后来获得了世界排名前五的常春藤名校学历；也有人从 16 岁开始去北上广闯荡，发传单，睡地下室，如今公司做到上市……

她们一个比一个拼，回忆少年时，汗水和泪光就像钻石一样闪闪发亮。

我打心眼儿里敬佩她们。

那些苦，是如何吃下来的啊！

我如今的勤奋过头，或许正是对过去十年的弥补吧。唯有如此，我才能在 30 岁的关头，与那些从小到大都勤勉自律的人站在同一起跑线上，开展下一轮的人生马拉松。

前些年，有句热门鸡汤，大意是劝大家跟自己握手言和。

这话乍一听，有些道理，仿佛跟自己握手言和了，生活就不会那么迷茫，或者不那么拧巴和矫情了。

可是大多数人，握手言和的背后都只能说明一点：自己的实力还远远撑不起自己的野心，于是就连自己都怀疑自己是否配得上那样的野心。

所以，我才不要和自己握手言和呢。

我还年轻，还能拼。

某次，陪北京的闺密去做手工素颜漂唇，在店里碰到一位从郑州来的粉丝，也来做眉眼唇。

我注意到，她额头上有道疤，穿过眉毛一直延伸到眼皮上。她这次来的主要目的就是文眉遮盖住眉毛上的疤痕。

我关切地问：“你的疤痕是怎么弄的？”

她说：“半年前，我出了一场车祸。当时我正站在公交站旁，边打电话边等车，结果一辆小轿车飞驰而过，把我撞倒在地，之后逃逸了。”

电话那头的妈妈听到电话突然断开，意识到女儿可能有危险，赶紧冲出门找她，结果半夜在公交车站旁看到了倒在血泊中的女儿。

在被撞倒的那一瞬间，她已经丧失了意识，再次醒来已经是手术之后了。

那次事故，她不仅一条腿被撞断，头部、脸部和手部更是伤痕累累，令她崩溃。

更令她感到难过的是，她原本弹古筝，双手白嫩修长，而如今，手指的关节处全是擦伤留下的白色疤痕，额头上那道鲜红的疤也清晰可见。

我难以想象，这半年她遭受了多大的创伤与煎熬。

可是她却告诉我："主任，我心挺大的，真的不觉得有啥，就是现在看到车就害怕，自己都不敢去驾校学车了，还好驾校得知我的情况后爽快地退了学费。我最近又失恋又失业，便想用纹绣掩盖一下眉毛上的疤痕，所以决定来武汉做全套项目，用一个全新漂亮的自己面对今后的每一天。"

说完这番话，她冲我笑了笑，眼里噙着的泪水始终忍着没有掉下来。

我跟老板娘的眼眶泛红了。

老板娘说她开店这么多年，遇到过很多面部烧伤、车祸毁容和患白癜风的顾客。

她们和普通人一样，走进店里，要求做一对妩媚的眉毛和灵动的眼线，也会拿着镜子让纹绣老师为自己反复设计修改。做完后她们仔仔细细端详着镜中的自己，仿佛看不见那些残破的皮肤，也忽略掉了那些模糊的五官。

最后，她们的眼睛里闪现出一道光彩，那是一种自信、美丽的女人眼睛里所特有的光芒。

在这缕光芒里，我看见了一股宛若沙漠之花，常开不败的勇气。

我深受触动。

如果你曾经是个漂亮姑娘，可以接受面部被烧伤的自己吗？你会愿意同不再美丽，甚至有些恐怖的脸庞握手言和吗？

这未免太难，也太过于残忍。

可是她们啊，却翻越了几重山，几经跋涉，抵达了最终的强大！

你以为接受现实，跟不再美丽的自己握手言和就是内心强大了吗？

我才不要只是和这副皮囊握手言和。

即使它遍布疤痕、皮开肉绽，我也要供奉它，朝拜它，以一个漂亮女人的高标准去对待它，令它重新迸发出生机与光彩。

顽强是可贵的，也是令人震撼的。

我不要和生活言和，因为这不能让我闪耀，也无法带给我快乐。

我真正热爱的，就是那个不折不挠的自己啊。

姑娘们，如果你尚有追求，就要去捍卫它。无论是追求美丽，追求财富，还是追求自由。

最怕的不是现在的浅薄与丑陋，而是你碌碌无为，还安慰自己平凡可贵。

跟自己握手言和的前提永远都是：发自内心地放弃了追求人生的更多可能。

但其实，哪怕是得道高僧，也一生不懈地在追求精神世界里的无边奥妙。

所以你的言和，只是庸碌和懒惰的借口罢了。但凡还有一丝欲望、一个小小的梦想，就需要拿出实际行动去捍卫它、实现它。

人生如果暂时看不见足够明亮的天光，那就打出一片来。

# 如果不努力争取，除了皱纹跟赘肉，岁月什么都不会给你

最近几年，网上有种非常热门的文风叫作“鸡汤体”，我随便摘录两句：

“你赢我陪你君临天下，你输我陪你东山再起。”

（呵呵，清朝都灭亡100多年了，还君临天下呢……）

“一个人对你有欲望，那叫喜欢；一个人为你忍住欲望，那叫爱。”

（欲望这么纯洁的东西为什么非要扯上爱呢？一个人对你有欲望证明你身材正点，他身心健康；一个人为你忍住了欲望也不完全因为爱，没准就是你长得磕碜，他力不从心。）

调侃一下，也许我可以出本书叫《一句话气死鸡汤文作者》。

“毒鸡汤”之所以害人，是因为他们只是抛出了一些不痛不痒的段子，抚慰了一些哀痛忧伤的灵魂，却从不给出解决方案。

苍白无力的鸡汤只会让人躺在虚幻的美好里沉睡，却从不会引导人正视问题并解决问题。所以，饮此鸡汤的人们，注定只能在这样的悲剧里沉沦一辈子。

就像那句经典的话：“有些人走着走着就走散了，有些事不是我不在意，我在意了又能怎样？”

私以为，走散了就追，在意了就拼啊！

还有什么“踏实一点，不要着急，你想要的岁月都会给你。”

这句话我无法接受。倘若不努力争取，除了皱纹和赘肉，岁月什么都不会给你。

16 岁时，我认为 26 岁的时候每个女孩都能过上偶像剧里的生活：拥有超大的衣帽间，永远都有新衣服穿，拎着限量版的名牌包和超级帅的男朋友约会。

然而，我毕业后的第一份工作，薪水比我大学兼职当 18 线野模拍淘宝照片还要低。我才明白：不是到了什么年龄就可以过上什么样的生活，而是你付出了什么样的努力，才能过上什么样的生活。

够努力的人，30 岁就可以实现财务自由，提前享受退休后闲云野鹤般的生活；混日子的人，50 岁还为生活所迫，要和应届毕业生抢饭碗。

到了 50 岁，除了一副苍老、满是褶皱的躯体之外，岁月什么也不会给你，哪怕是工作经验和生活智慧也不算岁月给你的。我们必须承认，有些人有 20 年的工作经验，而有些人只是用同一种经验工作了 20 年。

我非常不能理解“一蹴而就”这种说法。

试问这世上有谁是踏出一步就获得了成功的呢？而你只不过看到别人在台前一蹴而就，他们台底下“蹴”了多少次，摔了多少跤，是不会让你看见的。

有这样几个故事：

70 年代的香港，有一辆劳斯莱斯开进了洗车行。打工小弟从没看见过这么好的车，于是在洗车时偷偷摸了一下方向盘，被暴虐的客人扇了一巴掌。客人跟他说：“你这辈子都买不起这辆车。”

后来，这位小弟买了 6 辆劳斯莱斯，他的名字叫周润发。

80 年代初，有个小女孩出生在上海的棚户区，家境贫苦、父母离异，母亲带着她过了 7 年居无定所的生活，最困难的时候连一块排骨都吃不起。2000 年的时候，她成为一名舞蹈演员，在《情深深雨蒙蒙》里为赵薇伴舞。渐渐地，有一些小配角的角色找到她，再后来，她终于崭露头角。

如今，她凭借着古装剧《甄嬛传》成为和赵薇平起平坐的女演员，年入八千多万。她的名字叫孙俪。

被人嘲笑的梦想才有拼命实现的价值。

我们无法选择出身，但是努力程度会决定我们的生存状态。如果你身在低处，请不要灰心，因为你还有巨大的上升空间；如果你身在高处，也不要骄傲自满，止步不前对不起你生下来就比别人丰富的资源。

如果周润发不努力，岁月只会把他变成 60 岁的洗车老伯；如果孙俪不努力，她大概只会嫁给棚户区的邻居。

岁月不会为你平添魅力，除非你在时光里精心雕琢自己；岁月不会给你财富，除非你十年如一日地勤奋累积；岁月不会给你智慧，除非你善于反省自己；岁月更不会给你健康，你到底为身体付出了多少，衰老和疾病会告诉你。

可是最残酷的地方恰恰在于，随着时间的流逝，人们对你的宽容度会越来越低。他们允许20岁的你是个一事无成的“愣头青”，却无法容忍40岁的你是仍然保持着一无是处的“傻白甜”[①]。

岁月飞逝如湍流，不进则退是必然。

你自甘堕落的时候，全世界都在昼夜狂欢；你抑郁、孤独、无所事事的时候，你的前任和你讨厌的人都在努力赚钱、享受美食、游遍世界；你怀念过去的时候，过去生活里的每个人都没空等你。

所以，请你努力争取。

请你们权当我是个多年未见的老朋友，坐下来跟你们聊会儿天，那我就来谈谈努力这回事。

我生于1990年3月，春水初生的武汉，属马，白羊座，五行皆备。

上大学时，淘宝刚刚兴起，武汉拥有巨大的平面模特需求。我自认为形象不错，就去兼职做了这份时间相对自由，而且没有专业要求的工作。

记得那个时候从早拍到晚，一天才赚几百块钱。后来我琢磨着，为什么有的模特一天几百，有的模特一天几千呢？

研究发现，除了拍出来的效果有差异，最重要的是知名度。在这个行业，不是你的身材决定了你的价位，而是你的知名度决定了一切。

① 傻白甜：网络流行词语，有两种用法。一种是指尽管桥段有些老旧，但比较美好且温柔甜美的爱情故事；另一种是指在这种爱情故事里的女主角，没有心机甚至有些傻乎乎，但很可爱让人感觉很温馨。

于是，我就在报纸上寻找可以迅速提高知名度的选美比赛。

我找到了一个武汉小姐比赛和一个湖北小姐比赛，还有一个武汉植物园形象代言人比赛。我先询问了几位模特圈的姐姐，她们都说前两个比赛水太深，基本上前三名都是内定，进前十都要从头到尾陪赞助商吃饭喝酒。植物园那个比赛才举办第二届，她们不清楚。

于是，我果断报了植物园的那个比赛。比赛正规无黑幕，我一路过关斩将得了冠军，除了奖金之外，最大的奖励就是终生免票入园游玩。那个时候适逢恋爱一周年纪念日，我用奖金送了男朋友一块西铁城的手表，虽说不贵，但那是 20 岁的我第一次赚到四位数的钱。

后来，我拍淘宝照片的价格也翻了一番，还遇到一位在知音传媒工作的客户，慕名找我拍女装。他说我的沟通能力很强，正好他们公司一个新成立的部门在招聘，需要年轻时尚的员工，建议我去试试。因为专业不对口，又没有任何关系背景，再加上还没毕业，我婉拒了。

一个月后，他给我打过一个电话，说是跟领导提过我，只要笔试、面试能过，没毕业不是问题，一样拿试用期工资。

盛情难却，我抱着试一试的心态去考试了。后来发现，考试的难度跟高考语文差不多，只是把文言文部分和阅读部分换成了时事评论。就这样，我很顺利地通过了笔试、面试和试用期，成为知音传媒唯一一位 90 后记者。

知音作为一家在妇联管理下由国企改制的企业，公司背景、福利待遇还是不错的，但是我仍然在工作快满一年的时候辞职了，并且是辞职之后才跟父母说的。

我记得很清楚，提交辞职报告的那天，领导跟我说：“小柳啊，你知道我每天接到多少电话，有多少人求爷爷告奶奶要把孩子送进来吗？这么好的机会，你为什么就不做了呢？我劝你再考虑考虑，你们90后就是太冲动了！”

我微笑：“钱总，谢谢您的好意，也非常感谢您对我的器重和栽培。但是您看看，我周围的同事好多都是45岁以上的叔叔阿姨，他们是打算在这里养老的，而我的人生才刚刚开始。这个平台的确非常好，好到足以腐蚀我的斗志，我不愿意二十出头就过上每天喝茶看报纸的退休老干部生活，望您理解成全。”

就这样，我裸辞了。我记得很清楚，辞职那天我的卡里只剩五千多块钱。

回家后我跟父母说了辞职的事，他们一边责怪我鲁莽行事，一边张罗着给我找新工作，但无论是国企还是银行，我都是不愿意去的。事实上，我虽然不愿意做父母给我安排的任何工作，但到底应该做什么、适合做什么，内心还是迷茫的。

出于对我裸辞和拒绝被安排工作的不满，父母在我失业期间没有给予任何经济上的帮助。

我一边找工作，一边做回了老本行——模特。只是我不拍淘宝照片了，而是在湖北电视美嘉购物频道做电视直播模特。

选择这份工作，一来是时间更自由，二来工作地点离我家很近，三来在这里露脸会使我的知名度更高。做了不到半年，我终于找到了一份称心如意的工作，然后果断把电视台这边的工作辞了。

23 岁的我，还很年轻，但是也清醒，青春饭是不能吃一辈子的。现在有多风光，将来就有多凄惨。

我的新工作，坐标天津。公司是国内某葡萄酒龙头企业。“Dynasty，酒的王朝”，这句广告词我想大家都听过。

后来我回到武汉，帮客户在高尔夫球场做了一场声势浩大的品鉴会，还通过经纪人请来了一批模特帮我站台、走秀。

几年后，我竟然再次碰到了多年前还在拍淘宝照片时认识的模特。

只是她还是模特，而我已经变成甲方了。

从淘宝模特到年轻记者，再到能够帮客户做品鉴会的老板，我走了许多弯路，有过许多朝不保夕的时光，也与父母做过抗争，与自己的迷茫做过抗争。

仔细想想，真正支撑着我的信念是我相信人生是起伏不定的，它不可能一直停在某个节点上。安于现状，不去争取更好的资源，不去尝试更多的道路，日后的生活是必然要走下坡路的。

我不可以一直像 20 岁时那样，看着一天几百块的收入就心满意足，路还很长。

再娇艳欲滴的模特也会容颜衰老，再美满鲜活的青春也会消殒。

人生有再多不易，总归都是要以抉择为矛、努力为盾，砥砺前行的。

# 年龄是勋章，从来不是硬伤

前两天闺密面如死灰地问我："你看我是不是变老了？"

她噘着嘴巴继续嘟哝道："我昨天在地铁里给一个七八岁的小男孩让座，他竟然大声说了一句'谢谢阿姨'！于是我整个人都不好了，你说，我看上去真的像阿姨吗？"

今年是闺密颇为不顺的一年，她先后经历了股灾、分手、失业的连环打击。天性乐观的她从未愁容满面过，没想到如今，竟然会为了一声"阿姨"惶恐不已，坐立不安。

敢问中国女人最怕的是什么？

真的是衰老。

这让我想起前两天听过的这样一个故事。在某大学门口，一个女生哭着对男朋友说："你再跟那个1992年出生的老女人来往，我就和你分手。"

你看，在年轻姑娘眼里，一句"老女人"应该是对另一个女人最狠毒的称呼了吧，那么1990年出生的我是不是该回家照照镜子，看看自己是否变成活化石了呢？所有人都不可免俗地把衰老跟缺乏魅力、失去爱情、放弃梦想挂钩。仿佛过了30岁的女人就再没资格追求诗和远方了，女人生而为人的意义到30岁那天就全部结束了。

男人把年轻漂亮当作给一个女人“评分”的首要条件，甚至连女人都会不断地告诉你，你太胖了，你不够白，你老了，再不找对象就没人要了……难道一个女人的存在仅仅是为了嫁一个好男人？谁规定青春貌美只属于20岁的女人？

所以好多女人30岁就“死”了，只是80岁才被埋葬。

从古至今，女人的价值被迫和年龄捆绑在一起。这是由物化女性的男权社会所造成的，导致太多女性迷失在男性挑剔的目光里，而遗忘了对自我的肯定和欣赏。

其实，女人30岁时，人生才刚刚开始。

我最近看到一档综艺节目，节目中，汪涵问刘嘉玲：

“你最享受人生哪一段时光？”

只见她低头沉思了一下，笃定地说：

“我最享受现在，此刻就是我最好的时光。因为我从来不曾像现在这样自信、舒展、欣赏自己。所以我最好的时光不是20岁，也不是30岁，而是现在。”

现在的刘嘉玲，51岁。而我听过太多30岁不到的女人，整日惊呼自己已经老了。

每年那么多校园题材的电影上映，惹得毕业不到5年的姑娘们一把鼻涕一把泪地怀念自己一去不复返的青春。有些女孩可能心里并不承认，但是迫于大环境，也跟风地说自己老了。

然而女孩们是如何界定“老”这件事的呢？

大概就是以“30 岁”作为门槛，把“女孩”和“老女人”无情地划分在了两个阵营。仿佛一个女人从 29 岁迈入 30 岁，就要退化成另一个物种——一个让同性惋惜，让异性远离的物种。

仿佛30岁以后的女人，就不配拥有炙热的爱情和圆满的婚姻。她们的人生就应该一切求稳，没有资格去追求所谓的诗和远方。仿佛 30 岁以后的女人，早已不再是梦幻少女了，也就没必要谈什么梦想了。她们的梦想就应该是守着眼前的丈夫、孩子、房子，做一个合格的妻子。否则，稍不留神就变成了 30 岁的弃妇，人生节节败退、彻底崩盘。

再反观男人。

三十而立，大好时光才刚刚开始，即便到了 40 岁，无论模样品行如何，只要事业有成仍被称作“黄金单身汉”，仍是诸多二十到四十岁女性争相追逐的钻石王老五。

一个女人的时光是怎么变坏的?

总是从没有主见开始，从无法辨别什么是真正的人生智慧开始的。于是，这些女人开始奋勇奔向一种大众套路的价值观:

一个女人到了 25 岁就开始走下坡路。

条件再好的女人30岁还没结婚就不是你挑别人而是别人挑你。

35 岁还没怀孕的女人这辈子怕是生不出来了。

40 岁的女人豆腐渣。

50 岁的女人离婚了只能找 70 岁的老头。

60 岁的女人唯一的归宿就是跳广场舞和带孙子。

在时代的潮流里，任何一个试图突破“普世成熟价值观”而有更美好追求的女人，都不会受人欢迎。因为她的突破，使太多人看到了自己的庸俗和怯懦。

在刚刚结束的里约奥运会赛场上，有一位特殊的体操运动员。她连续参加了7届奥运会，以41岁的“高龄”征战在参赛者平均年龄为20岁的体操赛场上。她的名字叫丘索维金娜，她第一次在奥运会上拿金牌时，如今的对手绝大部分都还没出生。

20多年过去了，她早已不再是那个稚嫩、水灵的小姑娘。面对年轻的对手，她自信地说：“我不觉得我老，我总感觉自己还是十八岁。年轻的对手不会给我压力，她们有压力才对，因为我有经验。”

这样的女人你能说她老吗?

不放弃自己的梦想，不受限于时光的女人永远都是自信满满的元气少女。

就像婚纱帝国Vera Wang的掌门人王薇薇，她年过四十才转行投身于婚纱设计，经过10年的苦心经营才有了享誉全球的婚纱品牌。如今年过六旬且离异的她，还常常带着30岁的小男朋友出席各种活动，和男友十指紧扣，长发披肩，满脸娇羞，神似少女。

女人的衰老和颓败从来都与年龄无关，不过是中国女性普遍太早放弃了自己的人生：她们接受了30岁以后就是老女人的设定，年纪轻轻就放弃了自己的梦想与爱情。在二字头的年龄没有把自己嫁出去，没有找到一份稳定的工作就开始陷入无尽的焦虑。

女性的衰老不是从第一道皱纹开始，也不是从第一根白发开始，而是从放弃自己的那一刻开始。

有些女人30岁就“死”了，有些女人则可以一辈子做女孩。

个中差别除了不放弃自己的那股劲儿，还有意识形态上的巨大鸿沟：前者对于社会定义的“老女人”深信不疑，后者则坚信——都什么年代了，还觉得年龄可以困住女人。

困住一个女人的，从来都不是年龄，而是她的自我定位和格局。

什么样的女人能一辈子做女孩？

岁月淬炼了她们独特的气质，开阔了她们的眼界和胸怀，却从未以皱纹和松弛的形式留下痕迹。她们把年龄写在心里，却从未刻在脸上。

成熟是一种内敛笃定的气质，它不是松弛的皮肤、沟壑般的皱纹以及浑浊的眼神，知世故而不世故，是她们最可爱的成熟。

这种女人，男人从来不问年龄，也不敢问年龄，更绝不会叫她阿姨。她们永远是在驾驭年龄，而不是被年龄控制。可不被年龄控制不仅仅体现在保养得体上，更多的是行为思想不被年龄所束缚。

我有一个闺密，生于1986年，由于保养得当再加上气质年轻，看上去跟90后无异，也就是人们口中所说的“看不出年龄的女人”。可是她非常在意自己的年龄，每次在酒吧或者一些社交场合有陌生男士问她：“你几几年出生的？”她都会回答：“我1992年出生的。”

从没有人怀疑过。

但是有一次一个男人问她："1992 年属什么的？"她就当场蒙圈儿了，死活想不起"自己"属什么。她把这囧事当作笑话讲给我听，然后嘱咐我："千万记住了，1992 年属猴，1993 年属鸡。你以后虚报年龄的时候千万别搞不清楚自己属相。"

我被她逗得哈哈大笑，同时也表示自己从不虚报年龄。因为我不想靠这种伪装的年轻吸引男人。我不希望一个男人因为我是"1993 年出生的小妹妹"而接近我，他该是被真实的我吸引。

也许我比他大，也许在场没有比我年龄更大的女士。那又如何？

年轻的女孩像田地里割不完的韭菜，一茬接着一茬，总有比你更年轻的。没有女人永远 18 岁，但永远有女人 18 岁，所以拼年轻是一件没有尽头的事。

作为女性，追求的其实不该是身份证上的数字，不是比男人年龄小的"优势"，而是在每一个年龄有每一个年龄独特的气质和美丽。我今年 28 岁，我不追求看上去像 20 岁，况且保养得再好，我也不会有 20 岁姑娘那种涉世未深的眼神。

我也不追求看上去有 30 岁女人的成熟与韵味。只希望我的外形和气质符合我的年龄，做我这个年龄里优雅漂亮有气质的女人。

真正自信的女人，从不善于伪装自己，而是接纳最真实的自己。

年龄是她们的勋章，不是她们的硬伤。

朋友妈妈曾说："女人的美，是随着生日蛋糕上蜡烛数量的增加而增长的。"

人生一站有一站的风景，女人一岁有一岁的味道。你我终究会成为别人眼里“30 岁的女人”，但是我们都知道：我们不会是“死”于 30 岁的女人，我们的青春期，有一辈子那么长。

# 美貌有套路，智慧才是出路

你身边有没有生得美丽，却情路坎坷的姑娘？

很不巧，我身边常常被男人套路、利用、伤害、抛弃的姑娘几乎都是颜值高于平均值一大截的美人。

我有个朋友，外形身材简直跟徐若瑄一模一样，且叫她瑄瑄。她有一张能百分百激起男性保护欲的脸，以及一副娇小却前凸后翘的傲人身材。她有着 158cm 的身高，D 罩杯的胸，基本上能吸引从 16 岁到 60 岁的男性。

她虽然美，却是又美又蠢的典型代表。她的每一任男朋友都很渣，最后又嫁给了一个“万渣之王”。

瑄瑄被一个一毛不拔还满嘴跑火车的男人哄着结了婚，婚后发现男方酷爱赌博，欠下巨债，她不得不把父母给她买的房子卖掉还债。

两人经常吵架，经济也十分拮据，他们前前后后有过三个孩子，他都不肯要。

不仅如此，此渣男还在她做完流产手术、身体恢复期间，疯狂地爱上了打游戏认识的女网友，一走就是两个月没有回家，如今还要为了小三和她离婚。

瑄瑄的命运跟她妈妈惊人地相似，她妈妈年近六十都看得出年轻的时候肯定是个大美人。无奈，年轻时有恃无恐作天作地，年老时孤身一人自我放弃。

她没有给女儿一个温暖的家庭，也没有给她良好的教育，只给了她惊人的美貌，可正是美貌成了她所有不幸的导火索。

这个例子并非少数，看看你们身边的同学朋友，被男人害得最惨的是不是颜值高于平均水平的那些？

所以说，美貌从来都不能保障你的人生。

几年前有句流行语：长得漂亮是优势，活得漂亮那才叫本事。而现在，长得漂亮也不算什么优势了，因为长得漂亮的女孩太多了。

美貌有套路。

这两年，朋友圈里一些从事不同职业的人都纷纷做起了整容行业，甚至还有一个名头叫作“微整师”。

在整容如此便捷的时代，女人们也从未像如今这般追求外表上的完美。

年龄尚小、经历尚浅的女孩们都有一个思想误区：漂亮是女人最重要的武器，只要我变漂亮了，想要的一切都会得到。

所以近年来网络上流行一句话：颜值①即正义。

① 颜值：网络词汇。这个词最早出自日本，之后通过漫画或日剧等传播开来。在日语中“脸”就是“颜”的意思，“值”则指数值。颜值表示人靓丽的程度，用来评价人物容貌。如同其他数值一样，“颜值”也有衡量标准，可以测量和比较，所以有“颜值高”“颜值爆表”“颜值暴跌”的说法。后来“值”的数值意义淡化。

言下之意，颜值高的人讲什么、做什么都是对的。

这无疑给庸众在心理上造成一种假象：只要长得漂亮，生活就会善待我，人们就会包容我，幸运就会眷顾我，命运就会垂青我。

总之，只要我是个美人，就注定会过上比一般人高级的人生。

我承认，那些从小美到大的女孩们，她们可能大多数会比外形普通的姑娘享受到更多的照顾和关注，得到更多机会。但这并不意味着，这种优势会持续一生，有很多反而变成了“方仲永”[①]的结局，例如最近被广泛讨论的林妙可和杨沛宜。

美貌是把双刃剑，你用它受到更多关注、拥有更多机会的同时，势必也要面临同等剂量的压力和诱惑。

例如，从小就漂亮的张柏芝，十几岁的时候在大街上被星探发掘，拍摄了一个柠檬茶广告，从此出道，星路一片坦途。25岁时，她拿了香港金像奖最佳女主角，至今无人可超越她“金像奖最年轻影后”的头衔。

但是她的情路却非常坎坷，就连她自己都说过：“追我的男人都说我是他们心中最漂亮的，会爱我爱到死。可是每一次都是他们先离开我。”

其他美女未见得有张柏芝那么好的事业运，却同样被垂涎她们美貌的男人伤害得遍体鳞伤。

① 方仲永：出自王安石的作品《伤仲永》。本文通过对方仲永从一个天资非凡的神童到“泯然众人矣”的描写，表达了作者对方仲永的惋惜之情，揭示了后天教育的重要性。

电影《了不起的盖茨比》里有一幕是女主角黛西对着自己尚在襁褓中的女儿说：“真希望你将来做个美丽的小傻瓜。”她的原意应该是希望女儿像个傻白甜一样幸福地过完一生。

而我常常对闺密讲：“如果我将来有个小女儿，她若没有智慧跟财富，最好不要生得太漂亮。”

一个贫穷又愚蠢的美人，注定会过上险恶又漂泊的一生。

又美又穷的女人容易沦为男人的玩物，又美又蠢那就更糟糕了，前者至少得到了钱，后者往往人财两空。

古有怒沉百宝箱的杜十娘，现有留下“人言可畏”四个字就上吊的阮玲玉，还有一声不吭就跳楼的陈宝莲。

谁说美人都能拥有美好的人生？

要我说，被男人祸害得最惨的女人往往都是美人，因为他们没兴趣与长得难看的女人纠缠。

我反对任何物化女性的言论，但是此处还是要举一个不恰当的例子：

普通女孩就像一幅精美的画，她会被妥帖保管，细心收藏，在一个家里的一面墙上挂一生。而绝世佳人就好像世界名画，无数人都想拥有她，令她变成自己炫耀的资本。

可是没有多少人会把这幅画一直带在身边，于是她几经易主，飘零流浪，全凭命运。很多人都想拥有她，却很少有人会好好收藏一辈子。

这是世界级名画和世界级美女的共同点。你看伊丽莎白·泰勒，一生结过八次婚；玛丽莲·梦露有两任丈夫，无数情人，可是她在临死前还在哀婉地喃喃自语："爱我的男人们都到哪里去了？"

好面孔不一定能够置换好事业，特别漂亮的女性并不一定拥有好姻缘。

美人们的确拥有更多机会，但是这些机会里也裹挟着数不清的糖衣炮弹和奶酪陷阱。

你以为美人的人生是easy（简易）模式那就太天真了。她们的模式里面，还伴随着更多诱惑、弯路和陷阱，稍不留神就粉身碎骨、万劫不复，绝对是铺满带刺玫瑰的hard（艰难）模式。

所以美貌的标配是什么？必须是智慧。

# 拎得清的女人，从不随意评价他人

最新编写的中小学心理教育课本把下面一段话纳入其中：

“选择不结婚是个人自由，人们无论选择结婚还是不结婚都是个人权利，都应该受到尊重。有些人选择单身生活是因为他们认为那样更适合自己，我们应该尊重这样的选择。”

大部分成年人或许都应该回到小学，去把这堂课给补上。

我们常常会在生活中听见这样的声音：

“你看她 30 岁了还不结婚是不是有问题？”

“同性恋就是神经病，得去医院治疗！”

“硕士学历还不是在家带孩子，你读那么多书干吗？”

“她老公那么丑，一定是家里很有钱她才愿意嫁！”

只要你的生活与大众套路的价值观有一丁点儿出入，就会有大批无关人士跳出来，用他们自有的一套价值观标准去衡量你，宛若一个个居委会大妈，或者妇女联合会主席。

现在许多女性都在不懈努力，追求少女感，花费了大把时间和精力用于保养皮肤、保持身材、研究穿衣打扮，力求做看不出年龄的女人。

谁知道一开口就会破功。

某日我与闺密在某五星级酒店喝下午茶，旁边坐着三个妆容精致、穿搭优雅且品位不俗的女人。

看得出来，她们绝对不是20出头的小姑娘，但脸上没细纹、腰间没赘肉，的的确确看不出实际年龄。

可是，她们一开口就是妥妥的45岁的中年妇女范儿啊：

A说她同学坚持做丁克就是给自己找借口，明明想要孩子却生不出；

B说她猜那个升职很迅速的同事绝对跟领导有一腿；

C说很想介绍一个男孩给D，又觉得男孩家庭条件配不上D……

声音之大，响彻整个大堂。

女人如果活成这般，就死板了。整天净是说长道短，在公众场合也不知道控制讲话分贝，话题也毫无一点品位格局。这样的女人，打扮得再高贵，保养得再年轻，也和巷弄里蓬头垢面的长舌妇别无二致。

为什么很多人把王菲奉为女神？除了她特立独行、高冷寡言之外，那副对任何人任何事都事不关己高高挂起的态度，实在太性感。

讲七大姑八大姨的闲话，聊聊八卦，那都是凡间妇女热衷的事。

喝露水的仙女并不热爱干涉他人生活，打听琐碎八卦。

海明威说过，我们花了两年学会说话，却要花六十年学会闭嘴。

当年郎平离婚的时候，一石激起千层浪，各界猜测众说纷纭。

记者采访她的时候，她只说了一句话：“请大家不要再追问我的离婚原因，因为我有很多发声渠道，而他没有，所以我说什么都对他不公平。”

当你拥有发声渠道，站在舆论高地时仍然选择缄口不言，这才是拎得清的女性。这句话也足以体现女性极高的道德修养以及宽容豁达的胸襟。

就像那些英国老牌绅士与情人分手以后，旁人问起缘由，他们会说：“一切以她的说法为准。”

这种态度，已经赢了，谁是谁非早已不重要，高下立判。

如果说，不随意评价陌生人的行为和生活选择是一种基本的礼貌，那么不评价自己身边的亲人、爱人、朋友就是一种更高级的克制，更加彰显修养与高贵人格。

比如尊重儿女职业选择的父母，尊重父母和平分手的儿女，三年抱俩娃和坚持丁克的表亲互相理解彼此祝福，性取向不同的朋友彼此尊重……

这才是进化之后的高级人类。

纵观周围那些年少有成的男男女女，他们的共同点就是把注意力高度集中在自己身上，对周围的一切，特别是人际关系和八卦新闻都保持着一种麻木和疏离的态度。

你与他分享任何人的八卦，他都是一种“哦，这样啊，这跟我并没有任何关系啊”的反应。

一开始，你会感到这种对人情世故很淡漠的人非常无趣，后来才发现，他们并不是无趣，只是很早就懂得，要把有限的精力投在最有意义和最有产出的事情上。

所以我们都应该专注于耕耘自己的生活，而不是窥视、评价他人的生活。他人好不好、坏不坏跟你没关系，你不是上帝，也不是道德标准本身。

有一种三观不正，叫作把自己的三观当成标准，天天评价别人三观不正。

三观这种东西，其实并没有正不正、歪不歪之分。

如果非要说什么叫三观正，我认为尊重跟自己不一样的三观，求同存异而不是排除异己才叫三观正。

所谓的和谐社会，大概就是每个人都能发出不同的声音，每个人都会捍卫彼此发声的权利。

所以，就让我们顶着 whatever（随意）脸，斜着 who cares（不在乎）眼，牛气哄哄又专心致志地过好自己的人生吧。

拎得清的女人，才算是拥有高级的性感。

不随意评价他人，才是女性成熟的标志。

# 越是有钱，越不能把女儿培养成傻白甜！

前几天在北京与一位事业非常出色的姐姐吃饭。我问她，这次见面的时候你已经实现了上次见面告诉我的目标，那你下一个目标是什么？

她郑重其事地看着我说：“我下一个目标就是让女儿过上王思聪的生活，我是认真的。”

我严肃地望着她，含情脉脉地喊了一声：“妈！”

她说：“我跟老公都商量好了，女儿 10 岁开始让她参加公司会议。就算听不明白我们谈什么，好歹也能浸入式体验一下商人是怎么谈事情的。”

“就算她以后不经商，无论她做哪行，保持精明能干通透豁达都是好的。就算无心工作光晓得谈恋爱，拎得清的姑娘也不容易招来渣男。”

“总之，坚决不能把女儿培养成傻白甜！”我们异口同声地说。

我俩聊到餐厅都打烊了，后来就坐在丰台区万达广场一楼的旋转木马旁边的花坛旁，旁边还有广场舞大妈和遛狗的青年。

无论是历史上，还是现实生活中，抑或是影视剧里，大富人家的傻白甜女儿没有几个不命运多舛的，特别是父母老了或者去世之后无人照应的独生女。

其实我曾非常认真地思考过这个问题，为什么男性富二代们无论多愚蠢或者性格有什么硬伤，人生总不至于一路跌宕。但是傻白甜的女性富二代们一旦为情所困或遇人不淑，人生就真的可以用“凄惨”二字来形容。

昨天我在读者群里跟姑娘们讨论这个话题的时候分享了一个我认识的姑娘的案例。

这位姑娘是山西煤老板的独生女，像温室里长大的花朵一样，没有吃过任何苦，也没有见识过人性的阴暗面。二十出头的时候对一个男人一见钟情，不久就怀了他的孩子。

对于年轻的女儿决定嫁人生子这件事，一直宠溺她的父母从头到尾没有说过一个“不”字，他们只希望女儿能够一直幸福地生活下去。

结果女儿的幸福生活仅仅持续了 10 年，之后的每一天都是蚀骨般的煎熬。

在得知她深爱的丈夫在外面有无数情人以及 4 个私生子之后，她彻彻底底地疯了。

是完全没有意识，需要绑到精神病院做电击治疗的那种疯。你可以理解为《情深深雨蒙蒙》里的可云“加强版”，她完全无法过正常人的生活。

那个时候她父亲重病，母亲身体也不太好。她母亲说：“很多时候我真想一走了之，死了清净。但是看着我女儿这个样子，我想死又不能死。我死了谁照顾她呢？”

“有一次我不甘心，把她接回家亲自照顾。早上一起来就给她换了漂亮的衣服，梳了整齐的头发。结果不到 10 分钟，她就跑到院子里拔草，把土都抹到自己脸上，还冲着我笑。”

“我真的太难受了，觉得我闺女的命太苦了……”

分享完这个案例，群里的姐妹们一阵唏嘘。有人分享身边的白富美被家暴到三番五次进医院也坚决不离婚的，有人说老家村霸的女儿两次为渣男自杀未遂的。

大家一致认为，这些从小衣食无忧活在梦中的公主们之所以长大后对人性一无所知，内心又过于脆弱，主要还是归咎于父母把她们保护得太好了。

这些女孩的父母觉得家里有实力就可以保护女儿一辈子幸福顺遂，她永远做那个单纯无忧的小公主就好。可他们忘了，自己是无法保护女儿一辈子的，金钱也不可能保护任何人免受爱情的伤。

反而很多时候，金钱恰恰就是吸引别人伤害你、利用你的诱饵。给一个女孩留很多财富，却没有传授她驾驭财富的智慧，反而是害了她。

就好像富可敌国的三星集团的女儿们：

三星集团大公主李富真与保安出身的丈夫任佑宰离婚，支付了约 5000 万人民币的分手费。任佑宰不服，索要折合人民币 69 亿的分手费，创下了韩国历史上离婚诉讼案金额新高。

网友们唏嘘“顶级白富美嫁凤凰男没有好结局”，但是不比不知道，相对于李富真最小的妹妹李允馨而言，李富真的离婚，真的不算太惨！

见过李富真照片的网友们，都惊叹她的美貌和气质。其实，李家三个姐妹都继承了李健熙的妻子——洪罗喜的良好基因。小妹李允馨更是出落得清纯甜美，性格也很开朗。

李允馨喜欢赛车，在赛车场上结识了长相帅气的赵文虞，两人迅速坠入爱河。甜蜜的地下情维持了两年，直到两个人的恋情出现在《女性周刊》上，被李健熙知道。

于是，李健熙开始对赵文虞展开调查，发现赵文虞除了家境一般，其他方面跟李允馨还是蛮般配的，学历和工作也不错，在金融公司做投资顾问，是个有为青年，跟大姐李富真看中的保安丈夫完全不是一个类型的。

但是在李健熙看来，一个家境平凡又喜欢赛车的男人，一定是看中了女儿的资产。李允馨向父亲下跪，流着眼泪请求父亲见一眼赵文虞。李健熙武断地拒绝，并要求女儿马上去相亲，缔结门当户对的婚姻。

第二天，李健熙派人给赵文虞送去了10亿韩元的封口费，要求他跟李允馨断绝关系。这笔钱被悉数退回。

赵文虞迫于李健熙的压力，辞职离开韩国去了纽约，痴情的李允馨追到纽约。李健熙得知后，竟派人到纽约监视赵文虞。

纠缠了大半年之后，赵文虞身上背负着无比沉重的压力，终于开始害怕，并劝李允馨离开自己。当晚，李允馨用一根电线结束了自己的生命，并留下一封遗书：“你们相信现代社会还有‘蝴蝶夫人’的存在吗？有的，的确有，因为我就是。爱情虽然让人绝望，但我无怨无悔。而致我于死命的恰恰就是这人世间最美好、最迷人的事。”

当然她走向绝路跟她父亲的暴政也分不开，但我就想问一句此时此刻在看本书的姑娘们，你爸反对你跟你男友交往，你会去自杀吗？

不会的，这个花花世界还有太多值得你留恋和追求的事情。你买的漂亮裙子还没发货，你家对面新开的 398 元一人的日料自助餐你还没去吃，你定的三个月后跟闺密去芬兰的机票绝对不能浪费……

所以你不能死，就算真的无法跟这个男人在一起，你也坚决不能死。这世间的美好，还有很多你尚未体验到。除了爱情，多的是让你眷恋的事情。哪里舍得死？

但是富可敌国的千金大小姐们，除了爱情之外，人生所有的曼妙精彩、奢华享受都已经全部体验过，并且边际效益可能已经递减为零。

只有爱情能够令她们痴狂，也只有情伤能够令她们毁灭。在这种情况下，对于爱情的求而不得就会无限折磨她们，并且无药可解。因为这人世间其他的好东西，对她们早就失去吸引力了。

越有钱，越不能把女儿培养成傻白甜！

学钢琴、学芭蕾、学马术说到底也只是陶冶情操，生命中最重要的技能绝非这些富豪培养女儿般的锦上添花的玩意，而是来自社会最底层人民培养小孩的街头智慧，那就是：生下来，活下去。

具有顽强的生命力，具有不屈不挠的意志力，具有解决问题的能力，具有不让人掠夺、凌辱、摆布的能力，才是孩子应该具备的最基本技能。

# 第三章

Chapter 3

## 我能想到最浪漫的事，<br>就是一个人默默发财

# 我和工作的关系，就像一对怨侣

我时常感觉，自己和工作的关系，好像一对怨侣。

轻松甜蜜的时候，深觉我俩“佳偶天成”；紧张苦涩的时候，又互看对方不顺眼——他觉得我是糟糕的“女朋友”，我觉得跟“他”在一起毫无意义。

自从改行做自媒体，很多时候我都找不到工作的意义在哪里。大学时做淘宝模特，我展示的商品卖爆了，那就是那时的工作意义。

之后做进口红酒，客户说：“认识你，我才意识到前 10 年买到的奔富（红酒品牌）都是假的。”那时候，我发现能给客户提供货真价实的产品就是工作的意义。

再后来开始写作，确实出过一些影响读者很深，甚至改变他们人生轨迹的文章。可仍然感觉，这份工作缺乏意义。

因为，我始终无法确定，那些阅读文章的读者是否拥有了更积极的想法与更好的生活。

医生可以目睹病人康复的过程，家政阿姨可以把凌乱的房间变得整洁，快递员可以把包裹送到需要的人手里，建筑师可以看到自己设计的万丈高楼平地而起。

他们每一天、每一刻都能直观地看到个人工作的成果，也从不怀疑工作的意义，因为这份意义就在眼前。

而我呢？从没见过分散在全国各地的读者，也看不见我的工作对于他人生活的改变。有时候我甚至会悲观地认为：“我一个写鸡汤文的，难不成还能改变世界吗？”

直到有一天，我收到了这样一条微信：

主任，我最近过得很糟糕。结束了旷日持久的官司，上个月我终于跟他离婚了。父母完全不理解我的决定，甚至觉得女儿离婚是一件很丢人的事情。我不得不独自带着四岁的儿子来深圳打拼。

租下房子，找到幼儿园以后，我便开始四处找工作，可是都不太顺利。眼看银行卡里没剩多少钱了，前夫也拒绝给赡养费，父母也不肯帮我，我突然觉得活着毫无希望，不如一了百了。于是，我通知了在深圳的表姐去幼儿园把孩子接回家，然后打开天然气阀门，平静地躺在床上，等待着死亡的降临。

最后看了一眼孩子的视频，在准备关掉手机的那一刻，我收到了你发来的消息：柳主任邀请你加入主任核心读者群。

我毫不犹豫地点进去了，很多素不相识的姐妹都热烈欢迎我。那一刻我热泪盈眶，一方面感动于陌生人对我的关心和善意；另一方面想起了我年仅四岁的儿子，觉得自己太懦弱也太自私了。我怎么可以就这样撇下他？

于是我关掉天然气，打开门窗，看着街上川流不息的人群，我想这里也容得下我这个想要跟儿子安身立命的单亲妈妈！

现在我拥有了一份自己很喜欢的工作，收入不算高，但是养活孩子足够了。关键是每天都活得很有奔头，很有动力！而且我又恋爱了，对方比我小四岁，也不介意我有孩子，儿子跟他相处得也不错。我离婚后的生活终于步入正轨，每一天我都觉得很感恩。感恩生活，也感恩你当初发给我的那条邀请。你不知道，自己一念之间的善意改变了我整个人生，谢谢你！

看到这条微信的时候，我正在过安检，当时就站在那个安检物品传送带旁哭成了傻子。

一方面，我为她感到高兴；另一方面，也为我自己高兴。因为那一刻，我找到了自己工作的意义，不再怀疑自己对他人、对这个世界的贡献与价值。

我发现，我竟然可以改变一个人，甚至一群人的想法，同样也可以改变千千万万家庭的生活。我现在所做的是职业生涯里最有意义的一份工作。虽然跟百万粉丝的意见领袖比不了，但是我每天都在努力为迷茫痛苦的人输出慰藉。

或许，一句话真的能够点醒正在与渣男死磕到底的姑娘，一篇文章也可以给迷茫中的人一些方向和指导，我与这个世界交手磕碰，撞到头破血流才领悟出来的道理真的可以帮到年轻的姑娘们，让她们少走弯路。

工作的意义，其实在于你对自己目前所做的事业，始终怀有敬畏之心与信念。

那么，终有一天，你会在严谨刻苦的工作过程里，逐渐地领悟到它最深刻的意义。

# 不稳定的工作，稳定地月入六位数

前段时间，闺密对我吐槽她和几位高中同学一起带娃旅行途中发生的事。

闺密平日里都是严格按照儿童教育书以及相关培训课程，再结合孩子的实际情况开展日常教育的，而她的同学们却对她的教育方式提出了严重质疑。

她的高中同学很多都是大学没毕业就结婚生子，一天班都没上过的全职太太。她们一方面对孩子比较溺爱，另一方面又希望孩子循规蹈矩，不要太有个性，力争成为长辈眼里的模范小孩。

这样一来，闺密的那套“培养孩子的自我认知能力”就遭到了同学们的强烈反对，并且整个旅行过程中，她们都在讨论闺密的孩子超出同龄人的举止有多么不得体。

闺密一方面心情不愉悦，另一方面又开始自我怀疑：“难道我真是一个失败的母亲，教出了一个失败的孩子？”

她非常困惑，又不好直接对同学发作，于是打电话求助于我。

我没有正面评价，只对她讲了一件小事：

我和爸妈都是在武汉出生的，所以武汉是我的“老家”。每每听人吐槽老家亲戚，我是真没共鸣。除了已经过世的奶奶按照她的遗嘱被安葬在她的老家——一个武汉周边的小镇以外，我所有亲戚都在武汉。

大家的家庭状况相差不大，思想观念也比较接近，所以我感受不到“来自老家亲戚的鄙夷与同情”。

去年清明节，回奶奶老家的小镇上给她上坟，我才着实感受到了一次来自老家亲戚的同情。

可是我一点也不生气，反而有些同情对方。

到了小镇后，我们把车开到了一位远房表叔家里。我记得，很小的时候表叔还很年轻，常常带着土鸡蛋和麦芽糖来市里看望我们，结婚生子后就开始为养家糊口奔波，便很少过来了。

那天表叔不在，只有素未谋面的婶婶以及他们刚上初一的儿子在家。

我们刚到的时候，婶婶正坐在门口捯饬鲫鱼，看到客人来了连忙招呼儿子倒茶。这位刚读初中的孩子比较腼腆，话语不多，加上和我们不熟，倒了茶便跑回房间了。

爸爸同婶婶聊了聊家常，问了问孩子将来的打算。婶婶说学习一般，准备在镇上读个高中，毕业后去武汉学个手艺，然后拜托我爸给找个工作。

老家的孩子基本都是这条出路，成绩好的就是大学毕业了让我们推荐工作，成绩差的就是学个手艺让我们安排工作。他们的父母对于工资、职业前景之类的没有什么要求。

唯一让他们两眼发光的，就是国企、事业单位这种所谓的“铁饭碗”。

可是众所周知，现在哪还有什么“铁饭碗”？没有哪个单位会收容你一辈子，也没有什么裙带关系可以庇佑人一生。只有自己的真本事，才能够保全自己。

你自己，才是毕生唯一的“铁饭碗”。

聊完了她的孩子，婶婶开始关切地询问我的生活：

“看样子应该刚刚毕业吧？你爸给你安排工作了吗？”

我茫然地看着她，不知道怎么回答才好。

我爸接茬道：“毕业5年了，现在自己在做事。”

婶婶不可思议地看了我一眼，放下手里的鲫鱼，皱着眉头问我：“那成家了吗？女孩到了这个年纪真的要抓紧了，我这么大的时候儿子都上幼儿园了。”

我沉默，我爸赶紧岔开话题。

婶婶望了我一眼，那眼神，就像在看小镇上一穷二白、还怀着遗腹子的年轻寡妇。

我长这么大，看见过许多望向自己的眼神：友善的、妒忌的、不屑的、崇拜的、愤怒的、欣赏的。

唯独没有看见过如此同情的眼神。

那种感觉，难以形容。

按照我以往的个性，第一反应应该是：“你竟然同情我？你有什么资格同情我？我哪一点不是以压倒性的胜利碾压你？”

但是在面对这种同情的眼神的时候，我却没有愤怒，反而有一种对于她狭隘认知的难过。她所处的生活环境使她不仅无法改变，还要把这种思想糟粕传递给下一代。

一个生长在小镇、文化程度不高的村妇，在她的世界里，没有自主创业也不懂什么网红自媒体，所以我这种“没有工作单位”的人在她眼里，就是风餐露宿，饥一顿饱一顿，没有任何前途可言的人。

结合她的自身经历以及生活圈子，一个 27 岁还没结婚的姑娘就是很可怜、很值得同情，会被整个小镇诟病。

她的所有反应都是真实的，她对我的同情合情合理、有理有据，并且是带着一丝来自亲人的关爱和担忧的，而不是对于陌生“潦倒剩女”的鄙夷。

所以，她又有什么错呢？我又有什么资格去责怪她呢？

那一刻，我想起了她的儿子，一代又一代人，毫无转机地往下生活。

我的远房表弟，小小年纪，还未形成鲜明的三观，尚未发掘心中的梦想，人生就被有着严重认知短板的父母早早规划好了。

除非成绩优异，考上好的大学，在新环境浸染下培养出新观念，以此来取代父母灌输的旧观念。否则，这一生，已然是看得到头的平庸与荒芜。

可是，他分明还是个 13 岁的孩子。

我叹了口气，看了看坐在沙发上打王者荣耀的他，心中默默祝福他：如果你的梦想就是找个事业单位拿着死工资安稳过一生，没有任何问题。

可是有问题的是，当你还不确定长大后该做什么、喜欢做什么、有能力做什么的时候，人生就被原生家庭规划好了。

一旦没有跳脱阶级局限性的实力（大多数人都没有），就会不可避免地滑向父母给规划好的人生，并且把局限继续传递给下一代，世世代代平庸下去。

这才是最无奈的。

刚刚婶婶询问我的职业，我爸潦草地说了句“自己干”。

她也没有兴趣多问一句，是干什么行业，具体做哪些事，收入状况如何，等等，而是在心里直接递了我一张穷困潦倒、前途未卜的判决书。或许还在忧心着，一定不要让孩子走上我的道路。

殊不知，我“不稳定”的工作，已经带来了非常稳定的六位数月收入，找我爸安排工作，还真的未必有直接找我管用。她想让儿子进的那家国企、那个岗位，目前的月薪还没有我家淘宝店的客服高。

但是我永远不会对她说这些话。

首先，说了她也未必相信。其次，摧毁一个中年人的三观只会令其陷入无尽的焦虑和自我怀疑，实在毫无必要。

所以我也只能转过脸，拒绝再看她的目光。

我跟闺密分享这件事，闺密若有所思。

的确，是认知短板决定了高中同学对她教育方式的不理解，所以她们才会指手画脚。这本身就是无法逾越的障碍，并不是她的问题，也不是她们的问题。

反而，同学会当面指出这些问题，是出于对她和孩子的关心。我们也没必要强行灌输自己的儿童教育理论给她们，她们既不感兴趣也不会照做。

大家约法三章，好好旅行，不要干涉对方教育小孩的方式，这样就是最好、最舒服的相处方式了。

三观高度一致的朋友还是少数，能做到求同存异、互不渗透，不妒忌、不作恶，懂得换位思考，包容体谅，已是万幸。

“你看我月薪六位数依然要被老家的亲戚同情，你带孩子的方式被同学质疑两句也是一样的。厉害的女人总是要对社会的非议多一点担待的。蜘蛛侠说过，能力越大，责任越大。别忘了，我们都so cool（很酷）。”

闺密满意地挂了电话。

认知水平受限于受教育程度和阶级属性。

永远不要责怪那些不理解你、同情你甚至鄙视你的人。（除非他们做了伤害你、折损你利益的事情）

我们要做的，是不断打破认知障碍的壁垒，不断更新知识结构，提高认知水平。不要阻塞言路，从而关闭了对于新兴事物的理解和学习的通道。上升通道从来都不曾关闭，月薪六位数也并非遥不可及。只是那些永远看不到趋势，进而找不到方向的人，这一生，怕是错过了。

# 听说你想创业又没钱

健身教练前日同我聊起一件令他沮丧的事：他想要开一家高水准的健身房，但资金是个问题。

于是我就问他："除了资金外，其他的条款和项目你都考虑清楚了吗？"

他有些困惑，同我讲了一下初步规划，听上去都很常规。

我让他先去了解下，身边客户对健身房的需求情况。

于是，他跑去问了一圈身边的高端客户。

"如果现在你只有一个小时的空闲，是打算去健身房锻炼一下还是去桑拿房按摩一下？"

结果，好几位日常坚持打卡的成功男士都斩钉截铁地说："我当然选择去按摩放松一下。"

于是他很沮丧地对我说，感觉健身项目不是很吸引人，更加不确定到底要不要花那么多钱砸一间高端健身房。

我说，并不是健身项目不吸引人，而是你问错了人。

我也有投资健身房的意愿，所以很早就问了一圈平日有规律地健身的朋友：

"你健身的目的是什么？"

男性的答案大多是：为了泡妞，为了健康，为了帅，为了防止猝死。

女性的答案大多是：为了瘦，为了赶时髦，为了缓解疲劳，为了爱健身的男朋友。

与其说目的是什么，不如换一种更直观的说法——欲望在哪里。

欲望在哪里，哪里就是你的原动力。

所以以上答案可以简单粗暴地解释为：男人为了性，女人为了美，男人女人也都有为了健康或者想要好好活下去的人类基本欲望。

对于创业者而言，初期都可能面临一定的资金阻碍，所以在策略上更要将眼光放开，足够审慎。

没钱可以找投资，但是脑力不够，找到投资也白搭。

为什么 50 岁的富豪懒得运动？

因为他根本不需要用好身材去交换性资源，也没有老到过度担忧自己身体的健康，对帅的追求几乎为零，因为年轻男孩通过帅获得的一切，对于他而言，都可以用钱买。

所以，他能有什么健身动力？

欲望在哪里，金钱就在哪里。

健身点不燃他的欲望，所以你在他身上赚不到大钱。现在的课时费他可以接受，定期过来上课，并不代表开了高端店，课时费翻倍，他依然愿意来。

因为他欲望有限，你就只能赚得到他欲望范围内的钱。

所以说，为什么女人的钱最好赚？

女人对美和抗衰老，始终保持着无限的欲望和永恒的追求。

为什么马云那么有钱？因为女人的购物欲战胜了一切。如果没有女人，这个世界的金钱根本没有意义。

为什么电影《前任攻略 3》的票房是同期电影《妖猫传》的 10 倍？因为“盛唐少年梦”引不燃每个人的欲望，而我们每个人都有前任，或多或少都有些遗憾、愧疚和不舍，所以它能最大限度地激发更多人的共鸣。

为什么“陌陌”“探探”以及各种交友软件那么赚钱？因为人类对于性以及认识陌生异性有着永恒的渴望。

为什么微信可以长期霸占手机软件下载排行第一名的位置？因为人类对于即时交流有与生俱来的执着。微信在满足了追求人际关系安全感的同时，也完成了社交属性，在即时通信界有了不可撼动的地位。

最近爆火的两款游戏《恋与制作人》(又称“四个野男人”)和《旅行青蛙》为什么这么火？同样是满足了人类情感需求里重要的一环。

《恋与制作人》本质上就是花钱就能买来各种男人的爱，让现实生活里多少花了钱都买不来爱的女同胞们纷纷上瘾。而《旅行青蛙》则抓住了每个人心中或多或少拥有的，无处安放的爱与牵挂。这几乎碰触了所有用户的原始欲望，所以“旅蛙不红，天理难容”。

时至今日我突然意识到，无论以哪种方式赚钱，背后的深层逻辑都是一样的。只要弄懂了其中逻辑，找到了承载着最多欲望的行业，再来满足用户痛点，赚钱只是顺带的事。

创业没钱没关系。

没钱可以先找自己的队伍，了解行业的深层规律，做好自身积淀。

我有位在北京做儿童编程的朋友。早年做硬件起步，赚到了第一桶金，后来跑去澳洲创业，赔了一套北京的房。

他一直没有气馁，直到儿童科技的领域呈现一片“蓝海”之势。他决心先潜伏下来，从儿童科技媒体开始跟进，日常去大兴区给学生上编程课，一步跟进一步，踏踏实实地向前走，防止重蹈在澳洲创业失败的覆辙。

是否足够了解自己所处行业的用户痛点、渠道分布、政府政策，这一系列的内容其实都远比先去获得投资要重要。

那位想开健身房的朋友也一样，没钱其实是一个表象。个人没钱可以带上好的方案与他人合伙，或者是去找投资，但是是否做好开一间健身房的准备，布局是否清晰，想法是否考究，这些需要走在“找钱”的前面。不然，虽跟风进入市场，不适合的依旧不适合，反倒会吃亏。

创业有风险，胆大更要心细。

# 为什么情路不顺的女人，容易成为女强人？

我有两个闺密，她们曾遭遇过同样类型的渣男——怀孕了却跟你说他已经结婚了的“渣中之冠”。她们都曾悲痛欲绝，怀疑人生，但最后却走向了完全不同的结局。

一个彻底委顿，变成了死宅、家里蹲，将自己封闭成套中人，再也不相信男人和爱情，荒废事业，疏远朋友，爆肥 20 斤。

另一个闹够了、哭哑了，痛定思痛，重头来过，寄情于事业和健身，成了人人羡慕的貌美多金女总裁。还顺便报复了渣男一把，把他最优质的客户撬走了。

同样是受情伤，为什么有人变女神经，有人变女总裁？

我发现，面对挫折与痛苦时的选择不同，结果自然不同，有人沉溺其中随波逐流，有人像壁虎那样不惜断尾自救。

想起读小学时，我家住在武汉的老小区，邻居素质不是太好，常常会乱丢垃圾，制造噪声。

几次交涉无效后，父母决定赚钱购买带电梯的商品房，搬离这个小区，而不是跟素质低的邻居们一直做无谓纠缠。虽然这座老小区保存了父母恋爱时的回忆，也藏着我许多童年时和街坊玩乐的美好。

但是，如若这样的环境使人感到不适，又不能改变它，不如逃离它，并尝试给自己打造一个更好的环境，而非在一个根本无法改变的环境里苦苦挣扎、抱怨连篇。

父母给我的教育是：你可以勇敢地去追求所有想要的生活，而不是一味地忍受。忍一次就会有第二次，习惯忍受小的委屈，就会习惯忍受大的委屈。

努力是种向上的生活姿态，人生匆匆数十载，你愿意“要要要”，还是“忍忍忍”？

努力是为了从此不必忍受一个没有素质的邻居，不必忍受一个糟糕的生活环境，不必忍受一份低收入的工作，不必忍受一位出轨成性的老公……努力的目的不是去适应，而是为了不必迎合你所厌恶的一切。

够努力的人都是那些舍不得放弃自己的人，无论遇到怎样艰难困苦的状况都可以触底反弹、绝地反击，化悲痛为力量，在人生的赛道上成功逆袭。

要知道，放弃自己很容易，走下坡路从来不费半点力气。

谁不想每天喝酒、吃垃圾食品，当个不用工作也不负责任，整天放飞自我的“死宅”？堕落这条路真的太轻松、太容易，稍不留神就会滑下去，一路滑到无法挽回的人生低谷。

相反，做到在最难的时候都不舍得放弃自己，不给自己找理由、博同情，放弃那些无休止又毫无意义的自怜情绪真的太难，需要超乎常人的意志力。但往往只有能做到这些的人，才是人群中最耀眼的存在，才能成为皇冠上的那颗珍珠。

分手后用痛苦和屈辱去鞭策自己，成为更好的自己，直到他不配成为你对手的那天。当你走向高处，奔向更宽广之地，这就是你对当初受尽的委屈和不公最好的回击，对当初手足无措的自己最好的交代。

一个女人为什么要努力？

为了不委曲求全，为了不向现实妥协。

为了让那些打压过我们、伤害过我们、蔑视过我们的人，心里永远插着一根娇艳的“刺”。

那根刺叫作“我有个全方面立体化碾压我的前女友，我这辈子再也找不到比她更出色的女人”，也叫作“我最喜欢你看不惯我，也干不掉我的样子。”

对啊，我那么努力，就是为了站到“你这种人”够不到的地方啊。

你永远不会出现在我住的小区，不会出现在我工作的那幢写字楼，不会跟我的男人有任何瓜葛，因为你的实力不够。

我要用一样东西把我们彻底分开，这样东西叫作——阶级。

人生只有两条路——要么忍，要么赢。

一路将就的人生和一路冲锋的人生，注定是不一样的。

很多人会说，你说的这些道理我都明白啊，问题是哪有那么多人生赢家？我们这些出身一般、资质平庸、运势一般，丢在晚高峰的十字路口，分分钟就被淹没在人潮里的普通姑娘到底应该怎么努力啊？

不把安全感交给星座、手相或别人怎么说，而交给银行账户上的数字、玲珑紧致的身材、3 年以上的职场成长目标。

你我不是白富美，不是腰细腿长、出门自带美颜光环的明星，更不是华尔街上的女高管、女总裁。有钱有颜的她们尚且拼劲十足，如你我资质平平的普通人怎能懈怠？

我们想要成为更好的自己，必须以职场和事业为起点，用智慧和实力弯道超车，把无关紧要的人和事狠狠甩在跑道之外，优雅大气地过好此生。不爽就买张机票去土耳其坐热气球，看世界上最美的日落；累了就去日本幽静的半山温泉，敷着最贵的面膜思考下一程。

当你的安全感和成就感全靠自己的双手，当你从无到有，一点点实现了曾经的梦想，就再也不会害怕失去什么，因为你随时有能力再赢回来。

道理很重要，执行力更加重要。

我们把目标定得小一点，具体一点，不要把目标定得伟大而漫长。这样，我们的努力就很容易有回报，从而鞭策自己继续坚持下去。

例如：今天看了 10 页书，明天看 15 页；今天做平板支撑坚持了 1 分钟，明天坚持 1 分 10 秒；今天背了 20 个单词，明天争取背 25 个；今天做了件善事，明天多做一件；这个月只能坐地铁上班，下个月争取绩效上去了有钱打个车；今年只能背 500 块的包包，明年能不能背上 1000 块的？

当努力实现的对象从一个遥不可及的宏远目标，被拆分成一个个可行性极强的生活小目标时，我们在每一件具体的事情上进步一点点，日积月累，整个人生就会有巨大飞跃。

时过境迁，再回过头看看上个月的自己，上半年的自己，甚至是三年前的自己，你一定会有脱胎换骨的感觉，也一定会感谢那个一路拼、一路赢，从未放弃自己的俏丫头。

最重要的是，姑娘，你要学会把生活和人生目标联系在一起，而不是跟具体的某个人或者琐碎的某件事联系在一起。这样你才会心无旁骛、全神贯注地尽情生活，而不是在胡思乱想和碌碌无为中蹉跎了青春。

生活前进一小步，人生前进一大步。

我这么努力，不是为了早点嫁人，而是为了想什么时候结婚就什么时候结婚，想不结婚就可以不结婚；我这么努力，不是为了得到一个优秀员工奖，而是为了给自己的员工颁这个奖；我这么努力，不是为了遇到更好的男人，而是为了邂逅更好的自己。

努力不仅仅决定你能要什么，更重要的是，它能够决定你不要什么。

有时候，接受需要勇气，拒绝更需要实力。那些又美又忙又厉害的女人，每一天都在你看不到的细枝末节处暗暗努力，各自蓄力。

## 男人和女人，到底谁更容易爬到食物链的顶端？

2018 年 4 月，我去青岛参加了一个“书香女神节”的活动，活动结束后我发了这样一条朋友圈：

“关爱女性的活动我已经参加过很多次了，希望将来有主办方邀请我参加关爱男性的活动。毕竟他们比我们智力发育迟缓了 6 年，平均寿命又短了 6 年，里外里 12 年。其实他们更需要被关爱！”

引来 200 多个点赞。

当然智力发育迟缓 6 年是我胡诌的。我的意思是，同龄男性永远没有女性成熟，你转身看看你那个只会打游戏的男朋友就知道，而这个成熟度的差距，据我观察，大概是 6 年的样子。

但平均寿命相差 6 年是真的，所以想要白头偕老的话，去找比自己小 6 岁的老公是比较合理的。

当然这都不是重点，重点在于，我对男性真的没有敌意跟歧视。或许在更年轻的时候有过，但现在更多的是理解跟关怀。

目前的男权社会，是由于历史文化原因造成的，并不代表男性天生比女性强。我也强调过，女性性格并不是天生的，而是后天塑造的。

如果你有一个女儿，从小就把她往独立人格、有趣灵魂、领导力、决策力那个方向去培养，难保不是下一个董明珠。

如果从小就跟她讲白雪公主、灰姑娘，给她玩洋娃娃，让她跟别的小朋友过家家的时候扮演妈妈这个角色，教育她女人最重要的品质就是温柔贤惠，教育她读书没有嫁人重要，事业没有生娃重要，那么她必然就会成为跟满大街的“张太太”“李太太”“王太太”一样的人，就算先天基因再好也会被埋没。

所以我不认为男性先天比女性强，人类才会走向男权社会。这一切分明就是教育以及社会分工的结果。相反，女性的细腻、坚韧、洞察力和决策力是很多男性所不具备的。

在受教育程度相当的情况下，在社会压力相同的情况下，在没有结婚生子困扰的情况下，谁敢说女高管、女教授、女领导不会比男人多呢？

虽然我从不认为男人天生比女人强，但在下面这件事上，我认了。

我有个男性朋友，事业有成。

他最近遇到了心目中的女神。平常我们是不说废话的，聊天只聊工作。最近他真的是三句话离不开淼淼姑娘（他的女神），好像情窦初开的高中生。

我说，认识你这么多年，真的从没见你对哪个姑娘这么牵肠挂肚啊。他说，她长得跟我们高中校花真的一模一样，当年人家看都不看我一眼，现在总算逮着个机会圆梦了。

然后，他就开始给淼淼姑娘送花送包送戒指，人家收下了礼物却义正词严地拒绝了他。后来，他放出“大招”：给姑娘在老家买了套房。

准确说是付了首付，如果姑娘愿意跟他保持关系，他承诺每月给姑娘的零花钱是足够还贷款的。

这个时候，姑娘开开心心地答应他了。

听完这个爱情故事你是不是觉得世上无难事，只怕有钱人呢?

可惜故事还没结束。这段情，不到三个月就结束了。

结束的理由仅仅是：我朋友对年轻貌美但是脑袋空空的淼淼姑娘感到了彻底的厌烦，偏偏这个时候她又开始作天作地，一边逼迫他结婚，一边嚷嚷着要生小孩。

结果，在一个风和日丽的早晨，我朋友从淼淼的住处离开后，就像人间蒸发一般，消失了。

之前毫无征兆，就好像下楼买根油条之后还会回来一般。

他迅速拉黑了她有可能找到他的所有联系方式，并且带着客户去欧洲玩了半个月，彻底断联。

淼淼姑娘对他的公司信息一无所知，他的名字也是类似于张伟、王磊这种毫无辨识度的，根本没办法通过名字查到任何有效个人信息。

对于他的单方面消失，淼淼姑娘除了骂娘，可谓束手无策。

我问他，你何必那么决绝，跟她说清楚不就行了吗？毕竟是你曾那么喜欢的人，留个好印象不好吗?

可他当时回答我的话，我一辈子都记得。

他说：“在我想要甩掉她的念头产生以后，在她身上花的每一分钟，每一分钱，每一分精力都是浪费。我为什么要给她留个好印象？方便她以后纠缠我吗？”

“我的目的就是让她死了这条心，千万不要觉得我爱她，觉得我好。我这辈子，事业上、感情上也没什么用得着她的地方，我也不喜欢她了，巴不得她恨我、远离我，千万不要再找我。”

“所以我为什么要花功夫给她留个好印象？当然是怎么方便我怎么来！我根本不在乎她难不难过，以后贷款怎么还，也不在乎她心里怎么恨我，嘴上怎么骂我。”

“我早就计划好了，把她甩了后还有几个难缠的客户要应付，还有一年几千万的订单要谈，这才是值得我集中精力去做的事。”

我不去评判他对淼淼姑娘的所作所为是否有违道德标准。我只想跟读者们聊聊，通过这样一个年轻有为的男性处理这件事的做法，你们学到了什么。

为什么你心无旁骛地每天工作 10 小时月薪还没过 1 万；为什么他一边风花雪月，一边事业还能做得这么牛？

因为他的脑袋时刻是清醒的，没有半点“妇人之仁”，坚决不在毫无意义的人和事上消耗自己半点能量。他不在意无关紧要之人对自己的看法，在意兴阑珊之后又能迅速抽身绝不恋战。

以上都是成功商人的必备素质，可惜我很少在女人身上看到这些并不美丽的“优点”，或许女人们并不把这些当作优点。

如果一个女人如此决绝，大家应该会觉得她很可怕吧。但是能把这些做到极致的人，无论男女，早已把世俗对他 / 她的看法抛到脑后了。

主任希望姑娘们既有女性的柔情又有男性的果敢。知己知彼，百战不殆。

再啰唆一句：成功不属于男人，也不属于女人，仅属于具备成功者性格特质和行为习惯的那群人。

回到“书香女人节”，我和几位老师也对男女员工到底哪种更好展开了讨论。情感博主潘幸知老师说：“我们公司现在有 50 多个员工，几乎全是女的，并不是我不想要男的，我其实很想招男员工！但是他们真的太差了，真的不如女员工！”

“即使我对男员工降低录取要求，最终录用的也依然是女员工！”

我对这件事的看法是：因为她的公司是做情感咨询的，所以女员工必然更加得心应手，这是行业决定的。就好像美业、时尚产业，同样是女人和具有女性思维方式的男人的天下。

再就是，我认为基层员工和中层管理人员都是女性更好，但是再往上走，情况就发生了转变，还是男性好！

究其原因，首先是男性思维在决策力跟大局观上有着天然的优势，其次是男性对工作更拼、更容易全力以赴：

可以不管不顾，每天住办公室的，是男人；

可以拎着个小箱子出差两个月的，是男人；

可以不考虑结婚生子，一心创业的，是男人；

可以应酬到夜里两三点，第二天九点准时开会的，同样是男人。

我绝对不是说男人比女人勤奋，而是说，这是社会化分工以及性别属性不同所造成的必然结果。

我也是女人，我很清楚在同样的行业，我付出的机会成本比那些跟我收入不相上下的男人要高多少。

他们可以用两个月搞定相亲、结婚、当爸爸这三件事，我可以吗？他们可以每个月给老婆一笔不菲的家用就啥也不管了，我可以吗？他们可以每天 10 分钟搞定所有个人护理项目，我可以吗？我光是洗个脸都不止 10 分钟好吗？

最残酷的一件事就是：他们拖到 60 岁都可以生孩子。结婚生子对事业有成的男人而言根本就不算什么压力，我可以吗？

可以什么都兼顾的只有男人，这并不取决于他们的智力跟体力，而是因为他们没有子宫，并不需要亲自怀孕生小孩并承担大部分的养育责任。

这就是那个最扎心的事实！

对于女人而言，从来都没有兼顾，只有取舍。换言之，你不可能在同一阶段拥有全部，家庭与事业，爱情与自我成就，你必须做出选择。

当然你也可以把它们看作是不同的项目，好比通过司法考试是项目 A，生孩子是项目 B 。

但问题的关键在于，项目 A 一旦完成就停止了，而项目 B 会一直延续到你生命的终结，并且不同程度地影响你的其他项目。

前几天，阿里巴巴澳洲市场部邀请我 9 月份去悉尼演讲，假设我现在有个孩子，父母又生病了，你们说我去还是不去呢?

每当有人问我，年纪轻轻事业不错的秘籍是什么，我都回答：因为我没有丈夫跟孩子这两个“拖油瓶”。

最近看到一组调查数据：任职 3 年内离婚的女 CEO 人数是男 CEO 的 2 倍。但是同在职场，女性承担家务的时长却是男性的 2.5 倍!

所以不是女人不行，也不是女人不努力，而是这个社会对女性的要求更全面、更苛求。即使你做到比男人更高的职位，赚到更多的钱，他们依然天然地希望你要做家务、带孩子。

在这种情况下，女性就只能认命么? 就只能满足于在基础的事务性工作上秒杀男性吗?

不！你还有第三种选择：

那就是运用自己的智慧与坚韧，越过性别歧视的天花板，奋力爬到最高层。没错，高管级别都喜欢用男人，3 万月薪往上走，放眼望去，多半是男人。

但是你不要忘了，高管也是有老板的，那才是真真正正的权利的宝座。

如果说你从来没有觊觎过那个位置，那么从现在起，可以规划一下了。有野心从来都不是一件坏事，我从来没见过哪个没野心的人最终名利双收。

与其去批判这个社会的种种不公，不如在了解男女各自的优势，特别是“男高管很好用”这件事以后，爬到那个可以“所有资源为我所用”的位置。

打破男女二元对立的低端格局，吸纳所有人才的时间与智慧，我期待我的读者里能够出现这样的女人！

# 人生的高度，取决于你翻篇的速度

影响我颇深的美剧有三部：《欲望都市》《绝望主妇》和《傲骨贤妻》。这三部剧有个共同点：都有不止一个坚强果断，善于将过去翻篇的女主角。特别是《傲骨贤妻》里的 Alicia（艾丽西娅），经历政客老公的性丑闻、经济困难、事业瓶颈、友情危机和情人离世，却从来没被任何困难打倒。兵来将挡水来土掩，遇到再残酷的打击，她都有办法迅速翻篇，所以优雅地笑到了全剧终。

并非每个女人都有这样的能力。

安安的女儿两岁时，先生与她离了婚。转眼孩子都 4 岁了，她还在埋怨着前夫的种种不是，念叨着她独自抚养孩子的各种艰辛。有一次她带着女儿和我吃饭，又一次说到前夫的问题，结果还没等我开口，小朋友就噘着嘴巴望着她说："妈妈，你可以不要再说这些了吗？"

我感慨："安安，孩子听你抱怨都听腻了，离婚两年了，他都再婚了你还没翻篇吗？"

安安沉默不语，没过多久又开始谩骂前夫如何薄情，离婚不到一年就再婚。

在新婚（结婚 3 年内）离婚率高达 52% 的北京，安安绝对不是孤独的个例。前夫出轨离婚后，把所有财产都留给了她。恢复单身后的日子，她明明可以过得很好。例如找个月嫂带孩子，再请个保姆洗衣做饭。工作之余还可以美美容、健健身、旅旅游，或者发展一下新的爱好。

但是她偏偏把日子过得特别糙。

她已经两年没有买过新衣服了。不长不短、不直不卷，完全不能称之为发型的头发也许久没有打理过了。孩子已经 4 岁了，她的身材还没有恢复过来。所以前夫都再婚了，她连个追求者都没有。

经历离婚的人不少，但是整整两年都没翻篇的真不多。

她的状态一直停留在离婚那天，深陷痛苦的淤泥中迟迟不肯抽离。但是她忘记了，当一个人不断回忆过去的时候，过去里的每一个人都没空等你。

同样是离婚，另一个女孩的处理方式就完全不一样。

姐姐和前夫在一起 6 年，离婚的时候刚满 31 岁。25 岁时，她跟随前夫去北京创业，前夫从无名小卒历练到功成名就后，就“愉快”地跟小三逍遥快活去了。姐姐发现后，不哭不闹，非常淡定地拿出了离婚协议书。

她对前夫说：“你赚钱不容易，公司投入也大。我跟你在一起 6 年，一年 10 万，你给我 60 万，我们从此两清。”

无论前夫怎么挽回，姐姐也不为所动。僵持一个月后，她带着 60 万回到湖北老家。一个月后，她才开始哭泣。不愿在父母面前哭，她就三更半夜躲在院子里哭，养了快 10 年的老金毛趴在她脚边一直陪伴着她。

不工作，不出门，不社交，不购物。白天睡觉发呆，晚上喝酒哭泣的生活持续了3周。第4周的时候，她见了一遍老朋友，然后风风火火地杀回了北京。姐姐之前是一个化妆师，给淘宝模特和新娘化妆，没什么事业心，大部分时间都在帮前夫打理公司琐事和照顾他的起居。

重回北京后，她召集了一批化妆师开了一个造型工作室。集化妆、美发、美甲、美睫为一体，还能提供上门服务。不到半年时间就闯出了名气，姐姐也拥有了全新的朋友圈子。在32岁生日的时候，小她4岁的海归富二代男朋友向她求婚了，钻戒比我的小拇指还要粗。

如今她过着自己不曾想象的幸福生活，回忆起跟前夫生活的那6年，仿佛是上辈子的事。有一次我们聊到这个话题，我问她6年的感情是如何做到迅速翻篇的。她轻轻地理了理耳鬓的头发："每个人经历这种事都会心如刀割，但是无论怎么哭闹自闭，都要给自己设定一个期限。在这之前你可以尽情宣泄，不用理会任何人任何事。但是这个期限一到，就要把过去翻篇，回到正常的生活轨迹。"

"你有资格伤心堕落，但是没资格一直这么堕落下去。那些伤害你的人不会因为你的痛哭和酗酒感到一丝一毫的心痛和内疚。你不死不活的样子只会伤到真正关心你的人。特别是父母，他们通常不善于表达感情，不会像朋友那样陪你喝酒或者给你一个拥抱，只能看在眼里急在心里。"

“我半夜三更躲在院子里哭泣的时候，爸爸就默默地站在门口抽烟，他一句话都没有跟我说。正是这种想要关心却欲言又止的样子，比说什么都让我难受。那一刻我就决定，不能再这么消沉下去了。哪怕不为自己，也要为爸妈，还有你们。”

当初那个决定，成就了如今的她。

李宗盛和新百伦（美国运动品牌）合作的广告中有句台词：人生中我们走的每一步，都算数。

如果不经历被劈腿、离婚的打击，她不会重整旗鼓拼搏事业；如果没有后来成功的事业，她也不会在聚会上认识现在的老公；如果没有这些年生活的磨难，她更不会铸就能搞定公婆的隐忍性格。

我们的每一次尝试，无论成功还是失败，都有价值。

人生就是这样，没有捷径可走。上天会不断给你同一个考验，直到你通过为止。你逃避的每一件事、每一个人都会在未来的某个时间重新出现。人生中要面对的所有困难，其实都无处可逃。

那些无法逾越的围墙，我们只能勇敢地越过它，哪怕撞得头破血流。人生中的所有障碍，都只有一种解决方式：面对它，踏破它，昂首挺胸地跨过它。然后，优雅地将它翻篇。

人生的高度取决于你翻篇的速度，无论是事业还是感情。

那些快速走出失败阴霾，然后重整河山的人总是拥有更多机会。例如马云、雷军，都是经历过至少 3 次创业失败，才找到了事业的方向，有了如今的成就。刘强东甚至有过在中关村开餐馆被骗的经历，只是创业牛人从来都不需要“恢复期”，他们会立刻找到新方向，重新开始。

他们把失败的痛苦，被欺骗的愤怒化作再次创业的动力，把用来消沉和恢复的时间压缩到最短，用最快的速度投身于崭新的事业中。

这才叫真正的人生赢家。

看看身边那些幸福洒脱的女人，都有着迅速修复情伤的能力，例如刚刚和袁弘结婚的张歆艺，过去并没有将她打败，她浸润在纯粹鲜美的爱情里，越发娇艳。

过分沉溺于悲伤和过去的人，是看不到未来的。

总有读者问我失恋了怎么办。

“让自己肆无忌惮地哭 3 天，然后擦干眼泪继续走，昂首挺胸地走过那个错的人，脚步不停，前路会有新风景。”

第四章

C h a p t e r 4

# 白菜与猪：
# 如何避免一场爱情事故

# 一份价值 70 万的男人使用说明书

前日里，久未联系的初中同学小何给我打电话，说他辞掉了年薪 40 万的工作，专门跑去成都上一个为期一周的恋爱培训班。

我放下正在吃冰激凌的勺子，感到有些震惊，于是问他缘由。他说他一个哥们儿从小到大都是爱情绝缘体，快 30 岁的人了还没谈过恋爱，经人介绍去成都上了这个恋爱培训班，一边学就一边找了个水灵的成都妹子，现在婚都结了。

羡慕之余，小何也放下一切奔向成都。这个班有 80~100 个人，课程为期 1 周，每人收费 7000 元。这样算下来，一堂课差不多值 70 万。听他说到这里，我第一反应是，一辆奥迪 A7 就这样从我眼皮子底下溜走了。

这些年帮人写情书啊、选礼物啊、策划求婚啊、追回前任啊，我绝对帮了不下一百回。分文未取不说，还操心着急。别人倒好，直接开班教学，70 万轻轻松松收入囊中，开班开在成都这样遍地美女，适合活学活用、理论与实践相结合的地方，也算十分有商业头脑了。

眼馋之余，我也打算试试水，开一堂价值 70 万的课程，名字就叫：你不得不知道的男人使用说明书。（不同的是，买了我书的读者朋友们，这堂课免费。）

男人到底是一种什么样的生物呢？

简单说，他们成熟得永远比同龄女性晚（这就是为什么初恋无限好，只是死得早），而寿命又比女性短（这是有科学依据以及数据支持的）。这样一来，我们能和他们心平气和地有效沟通的时间只有那么短短二十几年。

听到这里，是不是想原谅身边那个经常一句话惹毛你，自己却一脸云淡风轻的傻小子？我们有责任和义务去调和男女之间的种种矛盾，特别是沟通障碍。

那么男人到底如何“使用”，才能让双方都有愉悦感呢？我想大致可总结为以下五条。

**第一条：男人可提供的实用价值远远大于情绪价值。**

举个例子：橙子今天在办公室受了领导的气，躲在卫生间哭了一场，中午回家吃饭时她惊讶地发现，两年没见的远房表妹竟然擅自拿了她最喜欢的两条裙子，还将一条大摇大摆地穿在了身上。

下班时，从她拉开男朋友车门的一瞬间，便有两个选择摆在她面前。

选择1：一路丧着脸不说话，直到男朋友小心翼翼地问她怎么了，她才暴跳如雷地把今天发生的事从头到尾控诉一遍，包括领导什么来历，是为什么事责难她，牵扯到另外哪些同事，那些同事什么背景。还有远房表妹现在什么情况，她家里什么情况，她今天为什么会出现在自己家里，被她拿走的那两条裙子长什么样，是什么时候在哪里买的，自己有多么喜欢这两条裙子……

她发现男朋友并没有什么反应。

橙子就越说越激动，还把矛盾点变成了：你怎么不关心我？你一点都不理解我：你知道我今天受了多大的委屈吗？

这个时候男朋友的普遍反应是："先不说这些，我们先找个地方吃饭，待会儿再说。"

然后橙子就更怒了，哭着喊着说："你就是不爱我了，一点都不心疼我，你一定是有别人了，是不是？你个没良心的！"

男朋友也厌烦了，就冷淡地对橙子说："要么找地儿吃饭，要么我送你回家，你冷静一下。"橙子没回答，直接拉车门下车，今天的约会不欢而散。如果他们是通过相亲认识的或者谈恋爱还不超过一个月，很有可能他再也不会来找她。

选择 2：橙子利用闲暇时间和她最逗的闺密打个电话，抱怨一下今天的遭遇，或者在闺密微信群里发两条 60 秒的语音，一条骂领导，一条骂表妹。闺密们纷纷发来慰问，跟着一块儿骂骂，她的气自然就消了。

到下班时，橙子补了个妆，漂漂亮亮地上了车，还没系好安全带就给男朋友一个热情的拥抱。然后娇嗔着说："人家今天干了一天活还被领导骂了，最喜欢的裙子也被表妹拿走了，心情好差，看到你感觉好多了！想要你陪我吃个日本料理然后再买条新裙子，好不好？"然后无辜地看着他。结果是吃了日料，买了裙子、鞋子、香水，男朋友还排了半个小时队给橙子买了她最爱吃的现烤蛋糕。

两人分别的时候还在地下车库拥吻，像热恋一般。

两种选择，两种结局。

不要把男人当作闺密，跟他讲一些家长里短有的没的，因为绝大多数直男对这些并不感兴趣，他们通常给不了你需要的安慰和反馈。情绪价值请向闺密索取，男人只负责执行你提出的合理要求。所以请你过滤掉一些没必要跟他讲的废话，直奔主题，这样你们的矛盾会减少百分之六十。

**第二条：直男的大脑是单核处理器，可以处理一件复杂的事，但是通常无法同时处理几件简单的事。**

然而，这和他爱不爱你没多大关系。例如，我经常会让爸爸去小区附近游泳的时候帮我带点东西上来。但如果我要求他去超市买一盒酸奶，再去蛋糕店买一个蛋糕，然后去物业拿两个包裹。同时下达三条指令，男人绝不可能全部完成，通常做到两个已是极限。

不是我爸爸年纪大了记性不好，就算男朋友也一样无法同时办妥买花、定电影票、买酸奶这三件事（除非你让他列一张清单，随身揣着，但是忘记的可能性依旧非常高）。这和他们的年龄、学历、星座、爱不爱你都无关。所以，一次只让他们做一件事，若一件事都忘了，你再发飙不迟。

**第三条：多让男人做选择题，少让他们做填空题。**

例如，对于“今天咱们吃什么”这个话题，男人最讨厌听到的回答就是：“随便啊，我都行。”如果他们没有拿主意而是直接问你，代表他是真的没有灵感，希望你给个意见。这时候，最万无一失的回答是：“火锅或者粤菜你想吃哪个？辣的和清淡的我都行，你决定就好。”这样既给出了自己的意见，又显得尊重别人的想法，没那么独断专行。

许多事情都同理，看电影两部中选一部，去旅行两个国家里选一个。多给男人做选择题，因为他们实在太不擅长做填空题。

**第四条：夸他。**

简单来说，“夸他”就是这个“单核处理器”的开机密码。我举个真实的例子：我有一个脾气非常差又患有严重公主病的阿姨，年逾五十，她老公既赚钱养家又料理家务还对她言听计从，呵护备至。一次我到她家做客，她竟然当着我的面儿大声数落她老公没有拖干净地板，勒令他重新拖。（当然这种行为我是绝对不提倡的，你在家里怎么闹都行，当着外人的面儿还是得给男人留面子。）于是，她老公就丧着脸默默开始拖地，还没从沙发拖到电视机就听到阿姨用林志玲的口气大喝一声：“哎呀老公，我实在是太喜欢看你拖地了，你本来就高（哪里高了？我目测最多176cm），拖地的时候把腰一弯，显得腿更长了。哎哟，真是太帅了！怎么看都看不够。”

此时，我的“尴尬症”都犯了。可是阿姨话音未落，拖地的“长腿欧巴”脸上就笑开了花儿，瞬间拖得那叫一个有节奏感又带劲。前后拖了40分钟还主动把窗台擦了，阿姨一边嗑瓜子一边慢悠悠地说：“这招我都用了快三十年了，屡试不爽，好男人都是夸出来的，你也学着点儿。”

我默默走出了阿姨家的门，感觉胸前的红领巾更加鲜艳了……

不吝啬赞美本来就是高情商的表现之一，那些对别人从不给予肯定和赞美的人，人缘一定好不到哪里去。伴侣之间更是如此，找准一切机会夸他吧，记住，夸的人得益，听的人舒服。

附上夸人几大原则，男女通用。

**原则 1：**多夸细节，少夸整体。

例如：你今天的围巾和大衣好配哦，你剪的新发型特别有型，你香水后调里的木质香味实在太迷人，等等。这样既让他觉得你认真观察过他，又显得真诚可爱。

**原则 2：**不要夸那些一眼就能看到的、人尽皆知的优点，因为他已经听过太多次。

例如，外形好的你要夸他工作的样子很迷人，学霸你要夸他运动细胞发达，工作很优秀的你要夸他懂生活情趣，等等。这样才容易夸得他心花怒放，让他留下深刻印象。

**原则 3：**不要等他做了什么大事才夸他，于生活点滴中表现出对他的崇拜和欣赏会更自然。

例如倒车，你可以说："亲爱的你实在是太厉害了，一下就倒进去了，我每次要磨蹭 5 分钟都不一定倒得进去呢！"那又有朋友问了，如果找了个样样都不如自己实在是夸不下口的男朋友怎么办呢？那么建议你：换一个。

**第五条：哪怕你已做到完美，也不要奢求一个完美的男人。**

一个人在爱情里走向成熟的第一步，就是接受它本身的不完美。男人不是你的救世主，爱情和婚姻也不会是你永远坚实的堡垒，以爱的名义把所有经济上、情绪上和亲子关系上的压力全然放在他身上本来就不公平。

简单说，一个男人不可能完美地兼顾家庭和事业，当然女人也不可能。如果你当初迷恋的是他韩剧男一号的外形，就要接受他招蜂引蝶的可能（男人娶了个女神回家当老婆，也得做好女神当了妈还有人惦记的思想准备）。尽量把你的要求简单化、具体化，如果你什么都想要或者根本不知道自己要什么，通常什么也得不到。

在爱情的路上，任何人给你提出的任何建议都不要尽信，包括我现在所说的。你需要用心去寻找，用爱去感受，最后才是用技术去解决。

价值一辆奥迪 A7 的使用说明书就放在这里了。

希望读者朋友们好好学习，多多实践，在爱情的康庄大道上收获自己理想的幸福。

# 遇到一个懂你的男人，谈何容易

开直播课程教粉丝化妆时，有人留言：

“主任，我男朋友完全看不懂我精心描绘的妆容，真是气死人了！”

“我打侧影，他非常惊恐地问我是被谁打了吗，要给我报仇！我画咬唇妆，他问我是不是生病了，要带我去看病。我画卧蚕，他直接吓得往后退了三步，说我好可怕。”

“主任你说，男人是不是永远看不懂女人的妆容？”

这话逗得我哈哈大笑，男人看不懂的何止女人的妆容，实际上，女人的一切他们都看不懂，最看不懂的大概是女人的心吧。

常听人说：“我要求一点也不高，就是想找个懂我的男人。”

每每听到这种话，我都会在心里翻一个大白眼：“世界上怕是没有比‘懂你’更高的要求了。”

丑男可以去整容，穷人可以去赚钱，不懂得怎么关心人的问问百度都能搜出一套完整教程，他照着做就是。

唯独弄懂女人的想法这件事，没有任何案例可供参考，没法投机取巧，甚至偷不得半点懒。甚至“爱你”都可以伪装，但是“懂你”装不出来。

你一个眼神代表了哪三种情绪，你说的那句“随便你”是真生气还是假随和，“只要是你送的礼物我都喜欢”是客套话还是真心话，这些问题的答案怎么可能猜得出来？

所以说，“懂你”这件事来不得半点虚假，他懂不懂你，你心里跟明镜似的，想要自欺欺人都没办法。

**首先，懂你是需要时间累积的，刚刚交往两个月的男人，别说他不懂你，你也不懂他啊。**

不要说男人了，你就是养条狗，两个月也摸不透它到底喜欢吃哪个牌子的狗粮，喜欢去哪个公园遛弯儿啊。更何况是一个人。

你要给他足够的耐心和时间去读懂你。感情是需要培养的，男人是需要教化的，没有一个人是为了懂你而来到这个世界上的，如果你没有耐心去培养和磨合感情，那就不要问为什么每个男朋友都不懂你。

互相理解需要时间，你一个眼神我就懂，需要更多的时间。

**其次，要做一个容易被理解的坦荡的女人，而不是纠结又拧巴的女人。**

就像林黛玉，明明心眼小，什么都介意，明明爱贾宝玉爱得要死，嘴里说出来的却是：

“平时跟你说不要喝冷酒你不听，宝姐姐一说你就听。”“我才疏学浅，宝姐姐真是什么书都读过啊！”“史姑娘说我长得像戏子也就罢了，你跟着起什么哄？难道你也嫌弃我？”

你说这叫只有十几岁的小少爷贾宝玉如何理解？

为什么不能直接说："我就是见不得你跟薛宝钗走太近；我不屑于掉书袋并不代表比她懂得少，我只是不爱臭显摆，但是你心里要有数：我才是大观园第一大才女，好吗？最后，别人开我玩笑我不介意，你不能跟着笑，更不能表示赞同，我男人任何时候都要维护我，不然你就去死吧。"

她如果是有话直说，不拐弯抹角的爽快性格，或许可以身体好一点，活得长一点。没准还可以跟贾宝玉喜结良缘，就不会在他和别人的新婚之夜吐血而亡，活活把自己气死了。

我年轻不懂事的时候也作啊，酷爱生闷气玩冷战，从来不肯有话直说，非要别人猜。可男人又不是你肚子里的蛔虫，肯定猜不到啊。

后来我深刻意识到自己的问题，再加上白羊座直爽的性格，再也没有因为"你不懂我，我就生气"这种无聊问题跟男朋友闹得不愉快。

跟男人这种单细胞动物沟通是有技巧的，比如他跟女同事走太近，你不爽应该怎么说？记得要找个他心情好的时候。

**第一步：**先借他人之口把他夸赞一番，捧上神坛。

"我闺密小琪说她超级羡慕我的。问你有没有什么表哥表弟给她介绍一个，她也想要你这么好的男朋友。"

**第二步：**表达自己的委屈。

"我真觉得有你这样的男朋友超级幸运，同时也会担心别人把你抢走。比如你那位同事，每次她给你打电话我都超级担心。我知道你对我很专一，但这不代表别人对你没想法啊。所以以后下班时间不要接她电话了，好不好？”

**第三步**：眨着水汪汪的眼睛看着他，基本上男人都会答应你。

再好比他送了你一个你根本不喜欢的生日礼物，你要怎么办？表示对他的感谢，至少他记得你的生日并且给你买礼物了；直接告诉他你喜欢什么，相当于考试划范围，让他下次照着买。跟他说，告诉他这些是不想让他破费，买到你不需要的东西，还不如同等价位或者花更少的钱送你你喜欢的东西，这样俩人都开心。

千万不要害怕男人觉得你太直接，或者主动提要求不好，可以按照主任的办法试试看。

直男是很怕麻烦的生物，你不能用女性思维和内心的小算盘去衡量他。

无论男人喜欢什么样的女人，他们的共性都是喜欢相处起来轻松舒服的女人，而不是成天让他绞尽脑汁猜来猜去的女人。

沟通不费力，是女人非常重要的竞争力。

有时不是他不懂你，而是你让人很难理解。如果话都说到这个份上了，他还是无法让你满意，那就分手好了。

我有个阿姨，堪称贤良淑德的典范，30 年来无怨无悔地照顾老公、儿子，但是夫妻关系始终很紧张。

阿姨的老公是个木讷内敛的摩羯座男人，就是“我把工资卡给你，你爱买啥买啥，但是不要指望我给你准备惊喜；你有什么要求，我尽量满足，但是不要指望我说任何甜言蜜语”的那种人。

阿姨某次跟我抱怨：“我跟你叔叔结婚 30 年，他出差的时候从来不会给我打电话，除非家里有事。我不知道为什么别人家老公下飞机了都会报平安，到酒店了也会说一声，忙完工作还会打电话问老婆要不要带什么特产回来，而他从来做不到。”

“你叔叔一出差就跟丢了手机似的，从来都不联系我。我开始以为他有什么见不得人的事，但是我半夜三更打电话到酒店，他也确实在睡觉啊。平常给他打电话，他也马上就接啊，晚上给他发视频，也一切正常啊。”

“为什么他就不能像别人家老公那样出差的时候给我打个电话呢？”

“那你为什么不直接告诉他，你想要他给你打电话呢？”阿姨被我问得愣住了，悻悻地说：“算了，这么多年都过来了，我现在说他估计也改不了。”

于是，我常常在想：不是这么多年的习惯改不了，是你从来不说，他根本意识不到自己的问题，所以才会养成你讨厌的习惯。

所以说，女人不要觉得男人就应该懂得你想要什么，清楚自己应该怎么做。更不要觉得，主动提要求很没面子，很掉价。

有时候，两个人的问题就出在一个不说、一个瞎猜上。大家打开天窗说亮话，一切问题便迎刃而解。

当然更多的情况是，你苦口婆心地说了很多，他还是不懂你。

这里不得不提另一位阿姨——我闺密的妈妈。她年轻的时候是著名青衣，追她的人很多。后来，她嫁给了一个搞化学研究的小伙子，也就是闺密的爸爸。

再后来的三十多年里，这个理工男白天在学校教课，晚上在实验室做实验，三更半夜回家继续看书搞研究。任凭阿姨在家唱戏、跳舞、读诗、朗诵，他都不为所动，就像没看见一样。

阿姨今年六十多岁了，依然漂亮有气质，跳广场舞的时候一堆老头儿围着她转，唯独她老公看都不看她一眼。

你说这种生活痛不痛苦？当然痛苦。压不压抑？肯定压抑。

一个文艺女跟一个工科男怎么过得到一起去。

可是你知道阿姨是怎么说的吗？

她说："男人搞不懂咱们，没关系。咱们女人这辈子最重要的是自己搞懂自己。你要找到自己的特长和爱好，从中发现生活的乐趣以及自我的价值。"

"婚姻并不是女人的全部，它不是背在你身上的壳，只是你生活的组成部分。与其整天为他不懂你而置气，倒不如和懂你的、志同道合的朋友一起发展共同的兴趣爱好。"

"他不欣赏你没关系，你要学会自我欣赏。他不称赞你也没事，走出去，还有很多人称赞你。不要把自己的快乐建立在对男人的改造上，这样你的幸福指数才会高。"

所以说，你也许永远遇不到一个懂你的男人，但是即便如此，也没有那么糟糕。

早早认清这一点，早早抛弃不切实际的幻想，用正确的方式跟他们沟通，也很有可能把一个完全不懂你的人磨合到可以心平气和地沟通、舒舒服服地相处的程度。

实在不行，要么换人，要么自己权衡一下在这段关系中“被理解”是不是你最重要的诉求，再看看是换个男人还是调整心态，抓大放小。

毕竟，比起找个懂你的男人，女人更重要的是弄懂自己，取悦自己，不是吗？

# 论异地恋坚持不下去的根本原因

我在某语音直播平台回答读者问题时，有位读者连线提问："异地恋坚持不下去的根本原因是什么？"

我脱口而出："没钱。"

接着，整个直播间就被"主任6666666666""哈哈哈哈哈哈哈哈哈哈""扎心了老铁"给刷屏了。

也有些读者不解地问："难道不是因为距离使感情变淡了吗？这跟钱有什么关系呢？"

我说："所有感情都会随着时间变淡，无论是异地恋还是同居，这是无可避免的。

只是异地恋会消散得快一点，因为它谋杀了亲密关系里极为重要的触觉与视觉，只剩下一部手机。

如果不去做什么挽救的话，它势必会走向灭亡。

所以钱在这段关系里就起到了决定性作用。"

今天与大家分享一下我众多朋友里"硕果仅存"的两对异地恋，他们修成正果，并且尚未离婚。

第一对，男孩跟女孩是老乡，同为江浙人。女孩在武汉读大学，男孩去了英国。他们是大一时在老乡联谊会上认识的，并没有什么感情基础。两人一见钟情，也没顾得上距离遥远，就这么恋上了。

有一次女孩在学校高烧不退，就对男孩说，真希望你在我身边。于是男孩立刻买机票赶回来了，从他读书的那个地方到伦敦，从伦敦到香港，再从香港到武汉。

虽说折腾了 48 个小时才到女孩身边，女孩也早就退烧了，但足够真诚，令人感动。先不提临时买机票多贵，就光是十几个小时的飞行时间，在路上折腾 48 个小时，就会让很多人退却了。

所以，因为女朋友一句“真希望你能在我身边”就能立刻飞回来的，不仅仅是舍得花钱，更多的还是舍得为你累、为你苦、为你付出精力和时间。

爱情如船，钱如水，恰好的钱能载船，太少的钱会让船搁浅。

如果连买机票的钱都没有，再爱你也只能对着电话干着急。后来老这么飞，女孩开始心疼机票钱和男孩的身体了。因为男孩每次只能回来几天，来不及倒时差又要回英国。女孩就说，什么生日啊、纪念日啊，都不要拘泥于形式了，没必要非见面不可。

结果男孩就开始送包、送首饰、随手发红包……再后来，他俩就结婚了，生了俩孩子，生活很幸福。

如果你认为，不差钱的富二代没有代表性。

那么，另一个例子就比较大众了。这一对是男孩在美国，女孩在武汉。这俩人谈恋爱的第一天就是异地恋，总共异地了 7 年，最终修成正果。

他俩绝对算得上我朋友圈里的传奇。

男孩课业非常紧张，并且就算有时间，也没钱经常回国。于是他们就商量着平时一起打工，给女孩攒机票钱，让女孩寒暑假没事的时候就去美国跟男孩一起生活。这样不仅可以体验下不同的文化，还可以练练口语，比男孩回武汉只能吃喝玩乐有意义得多。

虽说是异地恋，俩人日夜相对的时间并不少，同居时也要一起买菜做饭，打扫卫生，磨合彼此的生活习惯。如此，俩人很早就适应了婚后的生活。

待男孩上完研究生回国之后，他们就顺理成章地结婚了。

异地恋为什么需要钱？

很简单，我想见你时可以随时买张机票去看你，哪怕找公司请事假一周，扣工资也扣得起。

实在抽不开身，我可以给你买好机票订好酒店，邀请你来我的城市小住两天。

如果我们都没时间，那就用送礼物、发红包表达思念。

如果人不能到，就在网上定一束花送到学校或公司，提前选个像样点的礼物，早点送出去，比如男 / 女朋友生日送个游戏手柄 / 项链……

套路少一点，暖心多一点，有心才能让对方感受到你是发自内心地在乎她，没有因为距离忘记过。

异地恋并不是有钱人的专利，但也绝对不是不舍得花钱的人的日常。

如果买礼物跟买机票对你而言都太奢侈，那么你不是不适合异地恋，是根本就不适合谈恋爱。

现在最重要的不是脱单，而是脱贫。

爱情当然是无价的，但是我们不得不承认，很多时候它就是要用金钱来表达，恋爱如此，婚姻更是如此。很多异地恋都是到了结婚的关头分手，为什么？还不是因为工作跟房子。

两个人无论到谁的城市定居，都要面对这些世俗问题，甚至还要考虑购买二套房，把对方父母接过来养老。

所以缺钱才是扼杀异地恋的元凶，你仔细想一下，这话真是没毛病。

且看娱乐圈的杨幂、刘恺威，从谈恋爱到孩子上幼儿园一直是异地。

记得以前杨幂上《金星秀》的时候，金星问她："如果要给你父母买一套房子，你会和恺威商量吗？"杨幂不假思索地回答："不会，因为我自己买得起啊。"

当然，异地恋也好，异地婚姻也罢，赚钱养活你们这段感情的重担不能只压在男人身上。一对情侣，应该根据自己的收入，按比例分摊恋爱成本。

如果一个女孩把异地恋的成本全压在男孩身上，是不是太自私了一点呢？

像上述案例二里的小夫妻，两人一起打工赚机票钱，一起朝着长相厮守这个目标去努力，是不是更有意义一些？在这个过程中感情也积累得更醇厚一些呢？

毕竟男女之间，最高境界不是激情也不是爱情，而是情义。有情有义，既是情侣，也是兄弟，这种感情是最牢不可破的。

然而一起做过事儿，为了同一个目标并肩战斗过的，那才叫兄弟啊。

所以说，异地恋的小情侣们，你们最要紧的事情是赚钱。只有钱才能缩短你们在地理位置上的距离，只有共同奋斗才能缩短你们内心的距离。

爱是什么？不是言语上不痛不痒的关怀。

而是在你需要我的时候，我可以跨越几千里立刻飞来你身边；当我想要表达爱意的时候，能买得起你心仪的礼物给你；在你遇到困难的时候，哪怕远程我也能帮你解决。

不要羞于跟爱人谈钱，更不要觉得铜臭味会玷污了爱情。

爱是我可以心安理得地花你的钱，也兴高采烈地为你花钱。为你挑礼物和收下你的礼物，我心里同样欢喜。

无论是不是异地恋，都请记住这一点。

# 你不理我，我也不理你

我曾经看过一个微博段子，写得挺有意思：

你不找我，我也不找你。你不理我，我也不理你。我知道你很酷，但是我比你更酷。

虽然有点无厘头，但是它倒是点出了这个时代很多女性不具备的特质，这个特质叫作矜持。

矜持其实是这个时代女人所缺失的品质，矜持使女人更酷。

无数情感专家和公众号大 V 都呼吁：在 21 世纪，女性要主动，要勇敢追求自己的幸福。结果呢，幸福没追到，还把无数男人惯成了不主动、不拒绝和不负责的三无渣男。

这里并不是要否认女性“主动追求爱情”的意义。

如果对方能带给你温暖，你能从他那里感觉到实际关心和帮助，而且你没有因为他打乱自己的正常工作和生活，主动被动只是形式问题。好男人即便不喜欢你，也会及时拒绝你，以免你跳坑无法自拔。

身边有个小妹妹，对于追求她的男生都无感，就喜欢自己狩猎爱情。她个性太独立，又不屑于研究“驭男术”，战略上总是失败，但一旦成功，都是极品好男人，很少遇到渣男，即便遇到渣男，也能全身而退。

她的追求模式，不同于送礼、嘘寒问暖这样的惯用手法，而是和男人讨论政治、经济、艺术、文化，以此散发自己的魅力，还可以从中获得异性视角，得到更多交流学习的机会。

一旦失败，她会果断删除此人，避免自己再和此人接触，不再受其影响，然后找闺密喝个小酒解愁，第二天继续昂首挺胸地迎接新生活。

喜欢你时，我可以妙语连珠，跟你眉目传情；一旦关系结束，你无情，休怪我绝情。

追爱无错，错的是毫无底线。

对方不理你，对你不闻不问，你还依然深陷其中，追求着爱情的“意义”。这才不合适。

常听女友感慨：“这个时代的男人都被惯坏了。无论外形和条件有多烂，都有要死要活地倒贴他的女人。所以男人不用做任何努力就可以找到女朋友，只要标准足够低。”

虽然我对以上言论表示赞同，但是每次听到这些都有种“我深知事实如此，但这跟我没什么关系”的疏离感。世道再坏，你也可以选择独善其身而不是随波逐流。

你要相信，那些男人再差劲也跟你没什么关系。

他们本来就不是你的“目标客户”。

十年前你要找的那种男人是百里挑一，现在被没底线又酷爱倒贴的女人们惯成了千里挑一，可他仍然是存在的。没遇到的时候就经营好自己的生活，不要自怨自艾；遇到的时候就好好珍惜，认真爱，别作。

这就是我质朴又通俗的爱情观。

常常有读者问我：“男朋友工作忙没时间陪自己怎么办？甚至电话一天都没有一个，发微信几个小时才回复。有时候觉得很委屈，有时候又觉得应该体谅他，每天都很纠结。”

我通常会回复：“你需要的并不是强迫自己去理解他，而是让自己忙碌起来。真正理解一个忙碌男人的唯一办法就是让自己变得更忙碌。”

说到忙碌，很多人有种误区，那就是：忙碌是成功人士的标签。满世界飞的都是大明星， 连轴开会的都是CEO，我们普通上班族有啥好忙的？

话不是这样讲的。

我认识一个作家姐姐，每天早上6点准时起来练瑜伽，紧接着陪孩子吃早餐，送孩子上学。回家后开始写稿到12点，午饭后去健身房，忙完了去买菜然后接孩子回家。晚上看一部电影或者半本书，然后陪孩子玩会儿乐高再哄他睡觉。

她的日子过得特别充实，连老公约她出去吃二人晚餐都得提前预约，所以她根本没有时间疑神疑鬼、患得患失……反倒是她老公，还会成天担心高度自律的老婆身材太好被健身房的小鲜肉惦记，一天给她打多个电话。

所以，是否忙碌、充实与职业属性无关，只和生活理念以及人生追求有关。

当生活充实了，你也没空管他理不理你了。大部分女人不是被男人浪费了青春，而是在闲散度日、得过且过中蹉跎了年华。

所以让自己忙碌起来、充实起来、值钱起来，你才不会纠结于他理不理你、爱不爱你、是不是有别人了这种无聊的问题。

男人没有事业重要，事业没有自我实现重要。当你一心征服珠穆朗玛峰的时候，自然不会在意山底的碎石残垣了。

这一切，说到底都是格局问题。

有一次，香奈儿的助理问她："您对我严厉又冷淡，是因为讨厌我吗？"

正在工作的她头也不抬地回答："你认为我几点钟有时间讨厌你？"

在助理眼里，老板的喜恶大过天，生怕凤颜不悦，饭碗不保。正因如此，那时的她只能当个助理。如果不过分专注于人际关系，而是利用一切机会跟在香奈儿身边学习，我想不用三年，她就不用再给人当助理了。

到时候香奈儿喜欢她还是讨厌她，又有什么关系呢？能够成立自己的品牌，搞不好卖得比香奈儿还要好。

然而香奈儿之所以能成为香奈儿，正因为她这一生都专注于自我实现，对旁人的评价、感情的得失都毫不在意。

我不理你并不代表我不爱你，只是自我实现比爱情更重要。

你酷酷地一心追求自己的理想，而不是困顿于昼夜、厨房和爱，有质感的男人才会奉上真心、展现诚意来追求你。爱情是两个独立又有趣的灵魂的互相吸引。

所以，你不理我，我也不理你，这并不是什么小女生无聊地怄气，而是一个大女人的矜持和格局。

我们没那么多时间和心思花在男人身上，去盘算他为什么不理我，他不理我的时候都在干吗。

当然我也理解，女性的敏感、多思多虑十分正常，可是你一旦发现这个男人的存在影响和干预到你的生活，还是要给自己敲一记警钟，仔细看清楚自己的重要目标究竟是什么。

如果男性对女性的认知还停留在“你在浪迹天涯，她在等你回家；你在蹦迪泡吧，她在等你电话；你在朝三暮四，她在炕上绣花”的层面上，也是注定要被新时代的 cool girls（酷女孩）翻白眼的。

别谈什么“理不理”了，还是“你加油，我努力”更酷。

# 你在爱情里是如何节节败退的

闺密身边有个 1995 年出生的小徒弟叫 Cathy（凯茜），虽然年纪小，但她从 15 岁就开始谈恋爱了。第一段恋爱是和高中同班同学，时间很短暂，但后来两人成为知心好友。

真正影响她的是她 16 岁时那段长达 4 年的异国恋。

Cathy 的那段异国恋的对象，是一位新加坡的 PR（永久居民），暂且叫他 R。R 在 QS①排名前 15 的大学接受了良好的高等教育，性格温和甚至有些腼腆，虽然年长 Cathy 9 岁，却是初恋。

这场爱情的到来也令 Cathy 十足惊喜，毕竟对于 16 岁的小女生而言，R 儒雅又优秀，正直又有趣，简直是男神一般的存在。而 Cathy 只是一所国家级重点高中的学霸而已。

16 岁时，Cathy 跑去问自己的初恋男友，大意是说我要和一个比我大 9 岁的哥哥谈恋爱了。

初恋男友愣了一下："天哪，这太不现实了。"

Cathy 问："你是觉得年龄差得太大了吗？"

① QS 世界大学排名（QS World University Rankings）：由英国教育组织 Quacquarelli Symonds（夸雷利 · 西蒙兹）所发表的年度世界大学排名，是历史第二悠久的全球大学排名，第一次发布于 2004 年，一般每年夏季会进行排名更新。

初恋若有所思："其实也不是，如果是 26 岁的你和 35 岁的他我认为还好，可是 16 岁的你和 25 岁的他，总觉得哪里不对劲。你可要考虑清楚啊。"

Cathy 不再说话，而是沉浸到这场恋爱之中。

多年以后，再回想初恋这句话，她才感知到了其间深意。

Cathy 告诉我："过去我都不相信命运，认为那是看不透、道不明的存在。如今经历了一段岁月之后，才发现命运就是那些曾经的点滴连接起来的岁月脉络。在那个时间、环境的时候，不会察觉到有任何异样，真正跳出来，回头再看时真是目瞪口呆。"

我有点惊讶，一个 1995 年出生的小妹妹为什么会说出这种话，于是听她讲起了自己的故事，一个关于女孩是如何在爱情里节节败退的故事。

Cathy 说："最近看《房思琪的初恋乐园》有点不寒而栗。我的前男友还算是有道德的人，我们是我成年后才发生的性关系。但是他从精神上对我的凌驾与亵渎是不可逆的。"

女孩说话有点文绉绉的。我以前认为男人是女人的 EMBA（工商管理硕士）导师，听完 Cathy 的故事后，发现男人不仅可以是女人的 EMBA 导师，简直可以成为任意一种学科的导师，包括道德，包括性。

两人刚刚在一起的时候也是百般恩爱，寄信写诗，甚至 R 还会专程飞来中国陪 Cathy 看电影，极尽浪漫。

16 岁的 Cathy 想，这大概就是岁月静好的样子。

Cathy 原本是个个性极强的女生，学校里所有追她的男生她都看不上，会喜欢 R 也是因为 R 以压倒性的优势，胜过了那些懵懂无知的小男生。

R 虽表面温柔，内心却是一个掌控欲极强的人。16 岁的小女孩多好控制啊，你随便告诉她什么，她都会信以为真，哪怕你把地球吹成是方的，吹成是宇宙中心，她是宁愿去质疑哥白尼也会相信爱情的。

R 开始教育 Cathy 要节俭，讲自己的书包都是用了很多年都不舍得换的，要把钱花在有意义的事物上面，比如各种电子产品。

Cathy 也认同要勤俭，于是收敛起了自己对于美食的兴趣。

他们的恋爱谈得多么朴实无华啊，R 年薪赚到 50 万的时候，约会也是学校外面 5 块钱一碗的牛肉面就可以解决的。

R 开始给 Cathy 绘声绘色地描述好友在芽笼嫖娼的细节，以及他是如何在机场免税店买贵包哄“老婆”的。

可能无心，也可能是铺垫。但那一年，Cathy 才 17 岁，就知道了红灯区，知道了成年人的各种玩法……甚至从思想深处，以并不成熟的方式接受了这一切。

我听着感到有些震惊，即便是到了我这个年纪，也是不愿意和男友讨论这些道德边缘的事情的。更何况 R 的本意，是那么“深沉”。

Cathy 在渐渐长大，新认识了许多人。而 R 开始创业，一步步朝着自己规划的事业行进。

“R 给你买奢侈品吗？”我突然问。

“不买，连手机都是我自己买的。出去旅游我们也是 AA，我那时还是学生啊。”Cathy 咬了咬嘴唇，“女孩嘛，年轻时都挺虚荣的，我还算比较克制。那时候能用上香奈儿和迪奥的口红也是很开心的。20 岁生日那天，我闺密送了我一支。R 很不乐意，贬损了我好几次，说太红了。”

恋爱 4 年唯一一次去星巴克，都是 Cathy 掏的钱，原本双方家境都差不多。

“那你们是怎么分手的？”我问。

“因为他说，男人三十多岁不着急结婚，四十多岁再结也不晚。”Cathy 说，“他以为我会失落。但那句话一语惊醒梦中人。”

“16 岁时,他让我节俭。即便他赚了再多钱,也只会给我买零食，衣服都很少买。我懂他的意思，如果我不节俭，日后他做事业了，我该如何支持他呢？”Cathy 叹了口气，“17 岁时，他给我讲嫖娼，讲那些其实我并不想知道的污秽的事，与精神凌辱有什么区别？”

“我现在痛恨这种感觉。表面上和风细雨，内里却是一个成年人对未成年人的精神奴役。”Cathy 说。

在我看来，无论是 Cathy 还是 R，其实都没有错，只是他们实在是太不对等了，而 Cathy 无论心智还是经济能力，都是明显弱势的一方。

R 即便是不想将她玩弄于股掌，即便是拥有极为牢固的道德底线，也会升腾起一种驾驭的欲望，甚至升级为奴役的快感。

“分手后，我有种劫后余生的感觉。我比许多同龄女生在人生选择上都成熟了。就像那些被发达国家殖民过的地区一样，必然会留下一些好的东西，但是人格奴役终究是软暴力，对我的伤害是永远的。”Cathy 说。

“女人一旦开始去取悦顺从，则步步取悦顺从，最终终生取悦顺从……而这些，是只有跳出来才能看见的，当事人永远不会清楚自己正经历着怎样的人生。”她补充道。

那些会告诉自己的另一半“你要有自己的人生，不要围绕着我转，要独立思考”的男人真真是十万里挑一的。

我还是理解 Cathy 内心的后怕的，因为这个世界上最可怕的就是人格被奴役。意识都不反抗了，在爱情里就只能节节败退，直到毁灭的那一天。

为何我一直强调女性要为了自我而活，因为失去了自我的爱情不仅不会使人感到幸福，反而会让人在百般的束手束脚中度过，逐渐丧失在家庭的话语权、执行权，从而沦为男权的挥霍品。

这是极其可悲的。

你眼见着的，只是吵架、分歧，或者是单纯地不高兴，以牺牲自我为代价去换回一个短暂温暖的拥抱，并不能给你带来幸福。

因为，你在触碰男性的善良之前，先要了解他们内心的欲望，知晓他们邪恶的一面，要能够确保自己不受影响，哪怕受到影响也能够及时脱身。

无论恋爱，还是婚姻，都重在清醒。这样你才可能抓住那飘飞在渺然无定里的真心与纯真，被真正地呵护和善待。

# 为什么你的婚姻如此不幸？因为你满脑子都是嫁给爱情

舒淇演过一部电影叫《剩者为王》，讲述了一位 35 岁的女人不惧逼婚勇敢地追求爱情，最后俘获小男友的故事。与舒淇的大部分影视作品相比，这部电影无论是剧情还是表演都不算出彩。

电影中感人肺腑的段落是盛如曦父亲的那段独白，正是这段 3 分钟的独白，让我这个很少流泪的女“钢铁侠”在电影院里哭成泪人。后来网上的视频版本出了，朋友圈瞬间就被这条内容刷了屏：姑娘，希望你能勇敢地嫁给爱情（打开之后一个字都没有，只有这段 3 分钟独白的视频）。

然后我发现，转发这个视频的文章，篇篇阅读量都是 10 万多。

这段感动万千女性的独白，存在着让婚姻短命的硬伤。然而还有那么多无知少女和离异少妇在那儿兜兜转转，被诱惑着走上“嫁给爱情”这条不归路。

曾经这一段坚定不移支持女儿嫁给爱情的独白也让我泪洒影院，为何如今要来声讨它呢？

父亲无条件支持女儿的决定，跟她一起无视逼婚、抵御现实，保护着女儿一心追求爱情的决心，的确令人感动。

只是，婚姻是一场马拉松，若满脑子都是嫁给爱情，就相当于不穿跑鞋、不喝水、不吃盐，还指望轻轻松松、笑语盈盈地跑到终点。

这无异于在做白日梦。

我当过13次伴娘，参加过不下100场婚礼。无论自身性格如何，那些一门心思嫁给爱情的姑娘不是在闹离婚就是已经离婚了。还有的在水深火热的婚姻中饱受煎熬，看上去比同龄人老10岁。

我爸爸同事的女儿，一个大我7岁的姐姐，从小就是父母口中“别人家的孩子”。我读小学的时候，她上初中。姐姐从小品学兼优，一路重点学校，且年年考第一。有一次，她考了第三名竟然站在家门口哭了半个小时不敢进门。她不仅成绩好，还为人谦和、彬彬有礼，说话轻声细语，长得也温柔可人，有点像刚出道的范晓萱，属于那种你只会羡慕崇拜，却丝毫不嫉妒也恨不起来的完美女生。

我读大学的时候，她结婚了。

据说嫁给了她大学时交往的初恋——一个从偏远农村考出来的，家庭背景、个人能力、外形条件都不如她的男人。一开始她父母坚决不同意，后来拗不过女儿的执着只好答应。于是，嫁女儿变成了娶女婿。从婚房、婚车到婚礼全部由女方包办，男方及其家属只需如期出席。

这就算了，男人还是个彻头彻尾的大男子主义者，“直男癌”晚期患者。不仅赚钱能力比她差好几个档次，在家里还当起了老爷，每天按点下班后任何家务都不做，全指望姐姐加班后回去买菜、做饭、洗碗、洗衣服。

姐姐性格隐忍温和，从未抱怨过什么。后来姐姐怀孕了情况仍是如此，她妈妈看不下去了，就搬过来照顾女儿。姐姐从未因为辛苦抱怨过什么，只是当女儿出生的那一刻，她的心彻底凉了。这个生活在 21 世纪的山顶洞“直男癌”晚期患者，他甚至没有抱抱自己襁褓中的女儿，直接对刚生完孩子、身体尚孱弱的姐姐说：“我们家三代单传，女孩不行，下次一定要给我生个儿子！”

无法想象姐姐当时有多心寒，十月怀胎初为人母，没有一句体贴和感谢，张口就是让她再生个儿子。

但是一贯隐忍温柔的姐姐只会默默伤心流泪。直到有一天，她女儿的衣服湿了，哭闹不已，老公竟然丝毫没有要管的意思，坐在沙发上看起了球赛。姐姐忍无可忍，跟老公吵了起来，这个男人竟然当着 3 岁女儿的面打了她一巴掌。

21 岁就认定了的男人，在她 31 岁的时候，在她无怨无悔地为爱情和家庭付出了 10 年之后，在她为他生下女儿还准备生个儿子之后，竟然给了她一记响亮的耳光——这足以让她痛苦一生。

为了孩子、面子还有依赖，她最终没有离婚。一个什么都不要只要爱情的女人最终什么也不会有，包括爱情。

而 D 小姐的遭遇又是另一个故事，只考虑爱情和金钱也是一样的结果。

D 小姐前些年嫁给了省会城市里能排上前 10 的知名富二代，最近却在打离婚官司。锦衣玉食、儿女双全的 D 小姐为什么执意离婚呢？

因为三件事：

1. 她生头胎的时候，老公在外地陪小三做流产手术；

2. 她怀二胎的时候，老公酒驾撞伤了人。家里找关系出了拘留所不到一个月，又因酒驾、无证驾驶被抓；

3. 公婆对于他们儿子的行为熟视无睹，只知道花钱找关系捞人，既不教育也不干涉。她为此哭着求二老主持公道，换来的却是一句："你受委屈了，但是男人哪有不犯错的？"

在这场持续了 4 年的婚姻中，她从未感受到自己被当作男方家庭的一分子。公婆对于儿子的种种恶习永远都持袒护的态度，对她总是不冷不热，如同对待一个寄人篱下的远亲。

她们的丈夫怎么会变成这副模样？她们的婚姻难道不是因为爱情吗？

姐姐读大学的时候，男友也是每天把开水瓶拎到女生寝室楼下，去食堂打好了饭菜骑着自行车载着她去湖边吃。D 小姐发高烧的时候，富二代男友也曾从英国连夜飞回来照顾了她 48 个小时，再飞回去继续念书。

嫁给爱情为什么会得此回报呢？

这些，都是爱情。

但人们忽略了，爱情本质上是一种短暂的情绪。罗兰 · 巴特在其著作《恋人絮语》里，将爱情解构为包括"执着""嫉妒"在内的碎片。然后我们会发现，爱情更像是一场幻觉，它短则一两周，长则一两年。它不是凤梨罐头，没人能给它标上准确的保鲜期。

而"恋人"只是证明这场幻觉在人世间存在的具象符号，只有这场幻觉带给人的影响、添加在人身上的烙印是永恒的。

相处的快乐，关心的温暖，婚姻的沉痛……

能够相爱一辈子的伉俪，并不是多巴胺旺盛分泌了一辈子，而是在没有爱情的时候，他们依然会像五年前、十年前那样善待对方，用在相处过程中已经形成的固有的行为模式去宠爱对方。

幻觉会消失，但好的人品是永恒的，这些才是我们能够预见和把控的。

也许有一天，你发现牵着对方就像左手牵右手，但那依旧是自己的手，没有人舍得划伤它，没有人愿意让它蒙尘。所以即便爱情消散，作为亲人的夫妻因为有着一份恩情、一份道义、一份陪伴，仍然会牵着那双没感觉的手走下去。

然而，当爱情被枯燥的生活磨得所剩无几，又来不及沉淀和转化为亲情的时候，两个充满怨气和疲惫的人，在这样一种尴尬的关系里，婚姻又将何去何从？

并且，在被爱情蒙蔽双眼的时候，我们总是忽略了对方那些自己本就无法容忍的缺点和双方不可调和的矛盾。但当爱情褪去后，曾经忽视的那些缺点都变本加厉地跑到你面前招摇过市。原本不能忍受的，变得更加面目可憎。

编剧廖一梅曾写过一段话：为爱而生，很多人这样标榜自己。为爱而生？不，我不为爱而生。爱是我躲之不及的怪物，是人生对我抛出的媚眼，顾盼有情中生出的一点儿眷恋；是这世界将你抽空、打倒，使你放弃尊严的唯一利器。

为爱而婚，不也是如此吗？

嫁给才华的，收获了学识；嫁给颜值的，得到了男色；嫁给金钱的，拥有了财富；嫁给地位的，提升了阶级。

你什么都不图，满脑子都是嫁给爱情，最后如你所愿，你什么都得不到，也得不到爱情。

那么婚姻到底应该“图”点儿什么呢？

我认为，嫁人最重要的是嫁性格、嫁品格。

任你学富五车、财貌俱佳、家世显赫那又如何？50 年后不一样是个话都说不利索的糟老头。未来能跟你这个糟老头安度晚年，并非因你是博士生导师，你会给我 8 位数的财产，更不是因你年轻时长得像吴彦祖、唱歌像陈奕迅……

跟好性格比起来，这些都不重要。

无论他拥有多么优秀、浮夸的外在条件，50 年以后都会衰败。但性格好，人品过硬，俩人合拍，比什么都重要。

# 搞不定自己父母的人，就别在婚姻市场上害人了

一对情侣结婚在即，男方母亲提出一个条件，女方不考取研究生就不同意这门婚事。

此事在微博上引起了广泛讨论，基本上都是对男方和男方母亲的口诛笔伐。有人说男方为悔婚故意找借口，有人说男方母亲刁钻刻薄，当然也有人说男方母亲是为了女方好，逼她上进。

即使出于一片好心，为了孩子们好，也不能以不同意结婚为理由去胁迫对方。真心为一个人好，会注意方式方法，不会说出“你不如何如何，我就不如何如何”这种句式来威胁对方。

不知道女孩会如何选择，但是类似的事却曾真实地发生在我闺密身上。

我们是在报社工作时认识的，那会儿她刚刚大学毕业，我还没毕业。我们俩性格相似，相谈甚欢，很快成为好朋友。她男朋友是个从江苏农村考到武汉大学的凤凰男，什么都好，就是有个爱多管闲事的妈。

例如，他妈妈也要求过我闺密去考公务员，在她狭隘的观念里，公务员是全世界最好的工作。所以当她儿子决定去某知名互联网企业工作的时候，她呼天喊地地要求儿子必须放弃她“闻所未闻”的

"私企工作"去考公务员。

而面对"我和你爸含辛茹苦把你养大，供你读书，你怎么就不能听我话去考公务员"这样的良心绑架，男生最终屈服了。

后来，她又要插手未来儿媳妇的工作。不仅仅是工作，连女生的穿衣风格、染头发还有家庭情况，男生妈妈都要干涉。每当我闺密为了这些事跟她男朋友闹脾气时，他都用一条万年金句顶回来："哎，你就别跟我妈计较了，她也不容易。"

终于有一次，我闺密忍无可忍，大声咆哮："忍忍忍！我已经忍得够多了，你妈不容易我妈容易吗？我父母难道是随随便便把我养大的吗？他们从不干涉我的任何决定，对我的职业选择也十分认可。为什么我随心所欲活了23年，要被你妈妈横挑鼻子竖挑眼呢？她看我爽不爽是她自己的事，我是不会改变的，这个婚你爱结不结！"

这场争吵过后，男方母亲两个月没有给她提过任何意见。也有可能是意见照提，只是男方不会傻傻传话给她了。除了这件事，他俩的感情还是不错的，毕竟在一起两年多，也是真心奔着结婚去的。只是这素未谋面的婆婆始终是她心中的一根刺，虽说婚后也不在一座城市生活，但是强势的未来婆婆和对未来婆婆言听计从的男友始终让她对婚姻充满了恐惧。

他们俩是典型的"凤凰男"配"孔雀女"的结合，除了上述问题，还有很多无法调和的现实问题，最终他们还是分手了。

分手前，闺密果然考取了公务员，但她并没有去工作。她的理想是做一名优秀的新闻人。分手后她专心备考半年，考取了华中科技大学新闻系的研究生。毕业后在长江传媒工作了半年，之后只身一人去深圳追寻自己的新闻梦想。

我问她为什么决定分手了还要去考公务员，她说：“考公务员，是证明我的能力。不是我考不上，所以你不允许我跟你儿子结婚。坚持分手，是摆明我的态度。你所有苛刻的要求我都能满足，但是我现在不愿意嫁到你们家了。就这么简单！”

如今她在深圳混得风生水起，常常扬言要包养我这个收入不稳定的文字工作者。而她的公务员前男友，每个月的收入还没她的房贷高。但我明白他们分手的关键因素不在于物质条件，男方的家庭条件和收入水平她一开始就是知道的，她也愿意为了爱情跟他共同奋斗，甚至婚房由女方购买都没问题。

真正让她在婚姻面前望而却步的，其实不是强势的婆婆，而是这位永远都无法对父母说不，永远都不会调节双方矛盾的男人。

很多意见不应该在婆媳面前互相传递，很多问题身兼两职（儿子、丈夫）的男人应该自己解决。特别是在意识到自己父母提出了无理要求之后，还坚持愚忠愚孝，跟父母统一战线的男人，实在是婚姻中的“大规模杀伤性武器”。

他既没有出轨，也没有家暴，赚钱养家，温文尔雅，你找不到一个离婚的确凿理由，但是嫁给一个永远搞不定自己父母的人等于同时嫁给了三个人。

公公婆婆的任何意见都会被原封不动地传递到你耳朵里，这不是商量，而是下旨。老公本该是关系过滤器，如今却变成了传话筒。在这个家里，你永远处于一对三的弱势地位，在一场痛苦又拧巴的婚姻中消磨了年华与爱情不说，本该和和睦睦的一家人，也不得不兵戎相见。

所以，搞不定自己父母的人是真的不要跑到婚姻市场上祸害人了！

结婚是两个具备民事行为能力的成年人共同组建家庭，不是两个没断奶的巨婴带着双方父母的期许和挑剔住在一起。无论男方还是女方，如果在喜糖用德芙巧克力还是好时巧克力这种鸡毛蒜皮的小事上，都无法拒绝父母的安排，即使他已年逾四十，仍然无法具备足以匹配婚姻的成熟度。

有句话说，只有应该结婚的爱情，没有应该结婚的年龄。而我认为，如果双方不具备可以走入婚姻的心智，就不要草草走入婚姻。

搞不定父母的，不仅仅是所谓的“妈宝男”，还有很多所谓的“乖乖女”，也常常把“我妈说”三个字挂在嘴边。

例如，“我妈说，聘礼少于30万就不要上门了。”“我妈说，婚后必须跟他们住在一起，她放心不下我。”“我妈说，以后生孩子了必须由她亲自带，她可喜欢小孩了！”

姑娘，奉劝你一句，如果你没有公主的家世和外形，就不要整天把你母后的懿旨挂在嘴边了。即使你遇到了王子，他也会被你吓跑的！

相反，能搞定自己父母的人，往往能促成一段不被大家看好的婚姻。

我有个姐姐，今年 32 岁，曾有过一段短暂的婚姻，没有孩子。她离婚之后备受打击，决定放下武汉的一切去北京发展。心死如灰的她不到 3 个月就重新收获了爱情，对方是小她 4 岁的北京富二代，刚从澳洲留学回来。他们在聚会上一见钟情，恋情火速升温。

所有人都认为他们不会有好结果，因为男孩的父母不会允许儿子娶一个 30 岁、离过婚，各方面条件都很普通的女人。

出人意料，在姐姐 31 岁的生日宴上，他向她求婚了。

他对她说："你是我遇过最好的姑娘，离婚不是你的过错，大我 4 岁也不是你的过错。这么晚才出现在你的生命里，让你受了这么多委屈，是我的过错。请你给我一个机会，弥补我迟到的时光，请你嫁给我。"

就这样，他们结了婚。一年后，还有了可爱的宝宝。

只不过很久后她才知道，丈夫为了娶自己跟家里做出的种种斗争。在半年时间里，他经历过父母的反对、经济封锁甚至是以断绝关系作为威胁，但他都没有在她面前透露过一句。领证后，男方父母才勉强接受这个儿媳，但也对他们的婚姻持观望态度。直到小两口结婚一年多，孙女顺利出生，看着他们的小家庭和和美美，儿子日益上进，父母才转变了态度。

如果没有他当初的坚持，就没有他们如今的幸福。

很多时候，父母对儿女的管束也是出于关爱和担心：害怕儿女遇人不淑，无法做出正确选择，无法独自面对琐碎而又复杂的婚姻。

但是称职的父母不会一辈子参与儿女的生活，而是在他们年幼时给予陪伴、教育和引导，在他们成年时体面退出。称职的父母既要懂得陪伴，也要懂得退出，让已经长大的孩子独自决定自己的人生。

现阶段，在有着大量适婚独生子女的中国，懂得陪伴和教育的父母大有人在，懂得适时退出的父母却寥寥无几。但是让年迈的父母们都去恶补教育学，在花甲之年还要学着改变跟子女的相处方式这未免太困难，所以矛盾还是需要我们年轻人自己去调节。

我相信，让父母看到一个成熟、上进、独立、懂事的自己；让他们相信我们有能力处理好生活中的一切难题，包括复杂的婚姻关系，他们自然会安心地放开手，让我们自己做主。别说婚房，那些连婚戒都指望父母赞助的人，是没有资格拒绝父母的种种安排的。经济独立是人格独立的基础，两个独立的人才能搞定婚姻的各种可能。

我现在就可以说，对于我结婚对象的选择，我的父母不会有任何干涉。毕业后的每一件事我都自己做决定，也为自己错误的决定买单。他们把我当作一个经济和精神都独立了很久的成年人，而不仅仅是他们的女儿。

希望我未来的丈夫也能“搞定”自己的家人，我们并肩调和好两个家庭的矛盾，化繁为简，经营幸福的生活。

至于那些搞不定自己父母的人，你们就别在婚姻市场上祸害人了。

# 第五章

Chapter 5

## 单身时，
## 我们应该“撩”什么？

# 我不是不婚主义者，而是结不结婚无所谓主义者

写这本书的时候，我是一个 27 岁的未婚女青年。

时间如同白驹过隙，作为一个 90 后，我也到了晚婚的年纪。在过去的 6 年里，我一共当了 13 次伴娘，周围结婚的同龄人不胜枚举，还有同学离婚或者二婚，甚至有位跟我同年生的朋友，和前后两任丈夫各生了一个孩子，膝下一儿一女。

有些不太熟的人问我："当了这么多次伴娘，怕不怕嫁不出去？"（因为坊间流传着当伴娘超过 3 次就嫁不出去的说法。）

通常我都会在心中默默翻一个巨大的白眼，嘴上云淡风轻地回敬："你知道为什么我姥爷 85 岁高龄，身体还十分硬朗吗？因为他从来不多管闲事。"

不是刻薄，只是单纯地认为，以我们初次见面的陌生关系，你并没有权利过问这类涉及人际关系边界的问题。身边有位超过 10 年的好朋友，大我 8 岁，她一直在谈恋爱但是至今仍未结婚，偶尔也会跟我分享她最近的生活和恋情，但是我从来没问过她 "你为什么还不结婚，你已经 34 岁了，怕不怕嫁不掉？"

的确，有人非常喜欢去打探别人的生活状况，例如工作收入、婚姻状态等。更有甚者，对别人父母的工作收入和婚姻情况也表现

出兴趣，并把这当作正常关心和社交谈资。

收入、情感状态都是相对隐私的话题，只有保持一定边界的两个人，才会有舒适的共处空间，建立的关系方能天长地久。

我自认为身家清白、履历漂亮，并没有什么不可告人的黑历史，只是单纯地要捍卫自我边界，不允许别人越界。

当然，身处社会之中，难免还是要予以回应。对于这类问题我也想出了一个既礼貌又含蓄的回答：本人收入状况一直处于一个吃不饱饿不死的状态，父母都是共产党员，我们全家都在为建设社会主义而奋斗。

至于为什么 27 岁还不结婚，现在我准备聊一聊。

**首先，我不认为 27 岁是一个应该结婚的年纪。**

这个世界上不存在应该结婚的年纪。我的堂妹 1993 年出生，现在都当妈了；我有个特别漂亮的女强人客户，42 岁了还没结过婚。

如果考虑到生孩子的问题，医学上把 35 岁以后初次妊娠的女性称作高龄产妇。那么 34 岁前结婚都不算晚，我还有 7 年的时间。

**其次，婚姻需要太多机缘与恩赐，不可仓促。**

作为一个有所坚持的理想主义者，找到一个势均力敌、彼此欣赏、两情相悦同时又认同我婚姻观的男人的确很难。结婚标准一定是高于恋爱标准的，所以，也许谈恋爱不是一件困难的事，但婚姻则太需要机缘和恩赐。

但我依然选择走这条人迹相对稀少的道路。

恋爱是结婚的必由之路，但结婚从来都不是爱情的最终结果。

两个人有天时地利人和的机缘，顺理成章地修成婚姻正果自然是好，没有这个缘分也不必懊恼心伤，更不要否定爱情。

我并不是一个不婚主义者，我是结不结婚无所谓主义者。

“择一城终老，遇一人白首”的婚姻是我一直在虔诚期盼着的，并对所有遇见的缘分都敞开怀抱。但如果没有这份幸运，我可不可以不用委身于世俗的婚姻，不在今天谁洗碗、除夕夜回谁家、生不生二胎这样的问题上把爱情消磨殆尽，让婚姻只剩下一地鸡毛。既不强求也不凑合，作为一个坚定忠于自己内心的人，我怀着最美的期待，同时也做好了最坏的打算。

感恩一切遇见，那些让你幸福的人是前世修行的福报，那些让你痛苦的人权当他是逆行的菩萨，那些在爱情中经历的伤心和磨难就当作含泪修行吧。

我接受所有的好与不好，直到学会把不好视作好。

《孟子》有云：“故天将降大任于是人也，必先苦其心志，劳其筋骨，饿其体肤，空乏其身，行拂乱其所为，所以动心忍性，曾益其所不能。”

很多事我们满怀期待准备良久，临门一脚却扑了个空，是上苍认为这还不是最好的时机。它一定会把这份礼物给你，在你真正学会善待它的时候。

所以好的婚姻于我而言，除了努力，还需要积累磨难的功德。如今，我不确定自己是否真的可以拥有，所以我一直在储备，为了结婚而储备，也为了不结婚而储备。

任何到了法定年龄的人都可以结婚，但只有两个成熟而又富有责任感的人结合才会是幸福婚姻的基础。

思想上的成熟可以让两个人将婚姻中各种棘手的矛盾处理得更妥帖，经济上的成熟可以解决生活中百分之九十的问题，“贫贱夫妻百事哀”是亘古不变的真理。

不记得具体是哪一天，我开悟了，痛恨幼稚、不思进取的自己，想要迅速成长起来、成熟起来。我不想有一天，在我遇到这个人的时候，遗憾地说：“对不起，我还没准备好，我很爱你，但是我不具备跟你好好生活的能力。”我从不遗憾老天没有给过我什么，我只会痛恨自己在机缘来临时没能抓住什么。

那么，不结婚要具备什么样的能力呢？

首先，你需要去设想一下，如果不结婚，自己会过一种什么样的生活。如果是我，肯定不会变成一个工作狂，而是用更多自由的时间去做让自己感到快乐的事。例如，去非洲看野生动物大迁徙；去撒哈拉沙漠住两个月体验一下三毛当年的生活；或者和冯唐一样，去纳帕谷租个小房子喝喝酒、写写诗；然后在泸沽湖跟当地老奶奶生活半年，写一本关于她的书……这都是在婚后几乎没时间也没机会达成的事，这样逍遥浪漫的生活更加需要财务和时间的双重自由。

不过，若是不结婚，更需要一颗异常强大的内心——是面对所有非议甚至嘲讽都可以不嗔不怒、付之一笑的钻石心。

毕竟，选择做一个纯粹的理想主义者，接受你一直坚持着的、但最终可能会无情破灭的事情是第一步。若真对结婚这件事怀抱顺其自然的态度，就必须接受顺着顺着这辈子就真的孤独终老的结局。

相对孤独，我更加忍受不了的是两个灵魂无法沟通的人在柴米油盐中暴露出自己最丑陋的嘴脸。不结婚仅仅需要解决自己的问题，而亚健康的婚姻关系需要解决的是两个家庭层出不穷的矛盾。

也许你会说，地球上几十亿人都可以，为什么你不可以？

因为我不要和那几十亿“可以的人”一路，这是我的个人选择。当然，我改变不了那几十亿人的想法，但是如果我的选择能够让那些选择“不可以”的人们看到我感觉并不孤独，并不古怪，坚持也不可悲，更不可耻，那就是我的荣幸。

至少，今生今世我们只能活一次，按照自己的意愿过此生，是我对自己的一个承诺。

如果你和我一样，是个“结不结婚无所谓主义者”，希望我们都能够充分地、全然地享受爱情。有一天，如果我对他说出“我愿意”，不是因为年龄大了，也不是因为求婚很浪漫、钻戒很耀眼，而是因为——这就是我想要的那种婚姻，这正是忠于自我的、矢志不渝的选择。

单身的日子里，我有足够的时间投入到自己热爱的事业里，跨入一个崭新的行业，甚至拿起素描笔尝试做一位服装设计师。

我的原创设计品牌也终于和大家见面了，自豪又喜悦。

上周，我和志趣相投的闺密去了一趟厦门，还找了个旅拍摄影师记录下这些流淌着爱意的鲜活瞬间。旁边有不少拍婚纱照的情侣，没有一对笑得比我俩还甜。

我俩都是单身女人，都被公众号给“耽误”了，但我俩在漫长的单身岁月里从未放弃过打磨自己的外在和灵魂，都是珍惜才华与梦想的单身女人。

就像林忆莲在歌里唱到的：“女人独有的天真和温柔的天分，要留给最珍爱你的人。”

我想，柔软与脆弱，世故与天真，最应该留给的人是你自己。

就好像我最钟爱的那瓶香水，散发着土耳其玫瑰与红酒的气息。我从来没有涂它出门见过任何人，而是每晚把它喷洒在枕头上，让一大片玫瑰庄园伴我入眠。

因为那瓶香水代表我的私人梦乡，即便是未来的恋人，也不可踏足。

我一直在热恋，并不是和某位具体的男士，而是和那些向我释放善意的陌生人，疼爱我、关心我的家人，永远欣赏我的我自己，以及这座迷人的城市。

在此刻，单身的你也一样。

要做从不亏待自己的女人，做努力工作、积极生活的女人，做享受情爱却不困于爱情的女人，做理性剥下糖衣炮弹、崇尚真实的女人。

精神、物质高度自足，处于任何一种感情状态下，都可以自得其乐。

更要记得，自始至终，都是你主动选择单身，而不是被落单的那个。从来没有人敢称呼你是“剩女”，你是打败了孤单与世俗压力的“胜女”，你是在岁月的波澜与静好里全然盛开的“盛女”。

终有一天，你会发现：人生并不是一个容器，盛着快乐、盛着悲哀；人生是一根导管，快乐流过，悲哀流过，而导管只是导管。

单身也罢，恋爱也罢，在婚姻里兜了一圈再次松绑也罢。你还是你，你只是你，这一生无论处于哪个阶段、哪种状态，你都应该虔诚地去爱自己，朝拜自己。

# 单身的这些年，我如何度过漫长的时间

我常常调侃，公众号简直是我感情的克星，“我是柳主任”开了多久，我就单身了多久。现在我的原创服装品牌也上线了，精力越来越分散，被越来越有意义的事情（其实是赚钱）占据，只怕是更没时间谈恋爱了。

遗憾当然是有，但也不至于感到绝望。

有读者问我：“主任，你害怕一个人孤独终老吗？”

我莞尔：“我一点也不怕，一辈子那么长，总有机会遇到两情相悦的男人，哪儿那么容易孤独终老？”

我发现自己对恋爱这回事的态度像极了《理智乐观派》里面讲的态度：

理智乐观地面对未来，面对自己的人生不是一种盲目乐观的阿Q精神，而是根据大量事实以及理论基础推导而出的，我们必须怀揣着理智而又乐观的态度面对未来。

你要相信，未来的你会更聪明、更健康、更有钱，拥有更好的人际关系，这当然也包括恋爱关系。

如此，我从不认为自己会一直这么单身下去，即使在高密度的工作下，在跟男人看场电影都要至少提前一周约时间的情况下。我依旧对未来可能出现的恋爱对象满怀期待：他没有具体形象，更像是一种神秘的宗教信仰，吸引着我去成为更好的自己。

当我消极怠工的时候，我会想：他会不会瞧不起一个无所事事的女朋友呢？于是第二天继续哼哧哼哧地选货、写稿、开会、上架。

当我懒得运动的时候，我会想：万一他身材巨好还高度自律，约我去健身房举铁，却发现我连 10 千克的杠铃都提不起来呢？于是，再忙我还是会去健身房报到。

当我凌晨 3 点关掉电脑，看着镜子里蓬头垢面的自己，实在没有力气再去折腾这张脸的时候，我会想，万一他比我小很多，至少看上去年龄差不能太大。得了，别偷懒，好好敷面膜做仪器。

如果要问，我一个没人领导和管理的自由职业者是如何做到相对自律的？

一是唯有好好工作才能满足我的生活所需；二是那个并不存在的“他”给了我动力。

特别是在那些令我感到孤独、迷茫又沮丧的时刻：整夜延误的航班让我孤身一人滞留在凌晨 4 点的机场的时候；一次性拔掉两颗智齿，只得一只手拿着冰袋敷脸，另一只手开车去医院打针的时候；工作突然遇到了重大问题，连个可以商量的人都没有的时候；梦到去世的亲人，醒来的时候双眼噙满泪水，房间空无一人的时候……

有时候，真想向孤单妥协啊，随便找个追我的男士结束单身，似乎也不赖。

可是万一，第二天就遇到“他”怎么办？

世事难料，命运最爱开玩笑。

那要不再等等？结果，这一等就等了好几年。

感到孤单吗？偶尔是的。

觉得后悔吗？从来没有过。

单身的这两年，是我成长最快、进步最大的两年。我没有留在原地自怨自艾，任由年华老去，而是为了我自己，为了家人以及那个并不存在的“他”变成了更好的自己。

在单身的日子里，我拥有了自己的事业和团队，买了喜欢的车和房；我一个人四处旅行，也常和聊得来的朋友喝酒谈心；我停歇于让自己流连忘返的餐厅，也喝掉了一杯杯有故事的酒……

我看了很多书，也遇到过一些有趣的人。

平常和姑娘约着吃饭，也会精心打扮，因为是去见喜欢的朋友，吃完了也会去健身房消磨一下胡吃海喝的罪恶感。

我 27 岁的生日是和从小一起长大的闺密在台湾的一家温泉会所度过的。我们来不及订蛋糕，主厨听说我过生日，就在甜品上插了一根蜡烛，祝我生日快乐。

这确实是我吃过最“简陋”的生日蛋糕，却是记忆中最温馨的一个生日。

晚饭后我俩在房间泡温泉，一边为对方浇热水，一边聊着这十几年发生的事。

我不禁感慨：有一个见证你人生的老友是多么重要。

你们既是对方人生的观察者，也是参与者。她知道你的内衣尺码，你知道她的喜怒哀乐。你们太了解对方喜欢什么样的男人，常常毫不留情地吐槽对方的“坏品味”。

也许终有一天，我会拥有家庭和自己的小孩。可能我会离开父母所在的城市，甚至移居海外。在那之前，我只想多陪伴在他们身边，带他们去看看更加辽阔的世界。

单身的现在，我不是谁的太太，只是他们的女儿。

真好。

尽可能去丰富人生的内涵，扩展生命的外延，而不是被“单身”两个字限制了生活的想象空间。

这样的生活是美妙的，既不屈尊于将就的爱情与婚姻，也不因为孤独而摧残、垮塌。我越来越多地发现了自我，也能更清晰地辨识发自内心深处的感觉——我会为谁而动心、愉悦，从而收获了更多美好。

# 相夫教子、独身主义、丁克家庭，哪一款更适合你？

身边有三位朋友。

媛媛研究生一毕业就和大学时的男友结婚了，婚后不久就怀孕并辞职回家。如今，她是一位有两个孩子的全职妈妈。

阿卡刚刚在美国念完社会学博士，如今回国发展，是个不折不扣的独身主义者。哪怕芳龄 30 岁，依然有条不紊地独自生活，无畏七大姑八大姨的长舌，也不在乎周围 95 后小女生的眼光，活得自由自在。

小眉结婚 8 年，如今 35 岁，和老公一起创业，两人感觉中国的空气质量堪忧，也未弄清生孩子的意义，索性做了丁克。出双入对，没有尿片和奶粉的束缚，简直逍遥快活。

三种不一样的生活方式：相夫教子，独身主义，丁克家庭。如果是你，你会选择哪一款？

这使我想起电影《成长教育》：

一个下着倾盆大雨的黄昏，一辆小车突然停在路边，一个中年男人探出头说："我知道你不会随便坐陌生人的车，但是我很心疼你的大提琴淋雨，我可以请求载你的大提琴吗？"

这是不是很多少女的梦：忽然一天，有位成熟的绅士闯进你枯燥而平凡的生活。他仪表堂堂，有分寸，有品位，能让你不断争吵的父母开心地聊天，并露出久违的笑容。

为了帮你庆祝生日，他直接带你从伦敦飞去巴黎，慌张地在车厢里找戒指然后回过头紧张地说：“Will you marry me？”（你愿意嫁给我吗？）

我认为，所有女孩都应该看看这部电影，这里有父母和老师不曾给到却又极其重要的成长教育。

影片中的女主角 Jenny（珍妮）只有 16 岁，是个高中生，成长于普通家庭，一心想要考剑桥大学。

由于邂逅了迷人的中年男人，这位 16 岁的少女开始迷失。她第一次触碰到柔软润滑的雪白裘皮，第一次在拉斐尔前派的拍卖会上任性举牌子，第一次穿上轻透的真丝睡衣。

之前浸泡在枯燥的书本里的日子，生日时青涩小伙子送的牛津字典，被这个男人送的一摞礼物瞬间掩埋。

她反驳老师：“您也很聪明美丽，去了剑桥大学读书，但是如今却在这里过着将死的生活。”她对校长说：“教育是这样枯燥，我为什么不能去追求自由的生活？”然后，她拎着书包跑出了学校，跑向她认为自由的生活……

而她所认为的自由生活，就是每天穿梭于音乐厅、拍卖会、赛马场。放学时把学生装塞到背包里，化着妆、踩着高跟鞋在海边和他看夕阳，她以为自己是独一无二的。这种从未经历过的奢靡生活让她彻底放弃了考剑桥大学的梦想，甚至打算嫁给他为他生儿育女。

后来，她发现他早就结婚了，并且不会放弃自己的妻子儿女。Jenny 气冲冲地找到他家里，想要对他妻子揭穿这一切，却发现他妻子早就知道了，并且暗示她，她并不是第一个找到家里的小女孩。

Jenny 并没有像大部分被欺骗感情的小姑娘一样从此一蹶不振，而是痛定思痛，化欺辱为斗志，最终考上了牛津大学，把生活拉回正轨。

片中有很多台词和场景都引人深思，但最触动我的还是这两处：

第一处是 Jenny 发现被骗后回到家中，把自己反锁在房间内，无颜面对父母。她的父亲一改往日的严肃与古板，端着点心和牛奶默默地站在女儿房门外耐心温柔地开导她，最终父女和解。

第二处是影片的结尾，Jenny 考上牛津大学后交往了单纯又稚气的同龄男友。男孩骑着单车载着她，骄傲地许诺将来要带她去巴黎，并问她：“你去过巴黎吗？”

Jenny 微笑着摇摇头说：“我从未去过。”

“我仍然渴望着巴黎，就像我从没去过一样。”

“生活没有捷径。”

“I feel old. But not very wise.”（容颜已逝，智慧却没有增长）

这是三句影响我至深的台词，这部电影也是我青春期所接受过的最棒的成长教育。

年少时，我们都憧憬过相夫教子的生活，认为这就是爱的终点。

什么才是真爱？ 17 岁时我觉得跟男朋友私奔、隐居山林，或者在充满烟火气的城市里结婚、生儿育女才叫真爱。

如今，27 岁的我深刻意识到任何需要你逃、需要你躲、需要你去抗争的关系，都不是真爱，最多算是后青春期无处发泄的叛逆荷尔蒙。

真爱就是能和爱人抬头看看太阳，手牵手一起走在街上。没有那么多戏剧性的反转和冲突，只是水到渠成。

对一个女人而言，什么才是最重要的？

曾经的我觉得找个好男人嫁了，30 岁前当妈妈，拥有一个幸福的家庭就是最重要的事。

而现在我的答案是不断地自我成长、自我进化更重要。并不是家庭不重要，结婚生子不重要，而是自我该排在一切的前面。

在看清了部分现实真相以后，有人开始向往独身主义。

还有些有幸步入婚姻殿堂的夫妇，在社会的重压之下，权衡再三，开始锁定“丁克家庭”这一全新的生活方式：不要孩子，互相携手一生。

这三种生活方式，各有各的美满。

不过，无论选择哪种生活，都不要忘记：今生最重要的关系就是处理好跟自己的关系，最重要的事莫过于让自己从精神到物质，从身体到思想都变得强大、壮阔。

不要把幸福寄托在任何人身上，要充分做到从精神到物质的自给自足，把他人的爱与善意都当作额外的馈赠。

有当然好，没有也没关系，因为我自己有。这样的女人，婚不婚、生不生、离不离，她都会幸福，因为她拥有让自己幸福的能力。

而这些是 17 岁的我不敢想的，也是 22 岁的我不相信的。或许 30 岁以后我会有全新的领悟，来推翻 27 岁时的豪言，但那又如何？

成长就是不断地与过去的自己告别。谁的成长背后不是竖立着一路墓碑，埋葬着自己的 16 岁、22 岁、27 岁呢？

其实，我有时候很想回过头去抱抱当年那个手足无措、慌慌张张、赤手空拳闯世界的小女孩，轻轻地抚摸着她的头告诉她："你不要害怕也不要着急，尽管去体验、去跌倒、去创造，你终会变得强大、智慧且富有，我在未来等你。"

# 为什么情商低是一件不值得被原谅的事

我们常常讨论情商，例如大家会说希拉里、奥巴马情商高，何炅、林志玲情商高；而周围的老张、小莉、二胖情商低，总是一开口说话就想把他拉黑。

那么到底何为情商？

抛开那些复杂的学术性解释，用一句话概括就是：情商高的人，只有在他想让你不开心的时候，你才会不开心。

换言之，只要不是存心让你不开心，任何时候你与他相处起来都会有如沐春风般的自在轻松和愉悦。

反过来，情商低的人是什么样呢？常常一句话能把人气到吐血却毫不自知，而且根本没办法讲道理。因为情商低的人，无论思维模式还是行为模式都有问题，从根源上他就不明白自己哪里错了。

不和恐怖分子谈条件，不跟傻子讲道理，不以自己的高情商作为标准去衡量对方的低情商，这是人生在世的三大黄金原则。

曾经的我也非常直接，毫不顾忌地指出周围个别朋友低情商的行为，非常执着地想要帮助他们提高情商，把生活过得好一些、容易一些（我这也是情商低的表现形式之一），结果是两三次谈话下来基本上做不成朋友了。

于是，我看明白了，有的人情商低却不自知；有些人略微清楚却自诩为“耿直”；还有些人大道理都懂，就是修养太差无法控制情绪，所以总会做出一些无法挽回的事。

无论是以上三种的哪一种，自己都犯不着去为人师。因为情商低从来都不是一件值得被原谅的事。如果连交流都需要靠你单方面忍受来维持，那就即刻止损，赶紧将这段关系丢进碎纸机，以免相处下去麻烦更多。

到底何谓高情商呢？

我曾经写过：

“不吝啬赞美本来就是高情商的表现之一，那些从不给予他人肯定和赞美的人，人缘一定好不到哪里去。伴侣之间更是如此，不要吝啬你的赞美和肯定，找准一切机会夸他。记住夸人也是一门技术活，要夸得得宜，听的那个人才会舒服。”

我从未认为自己情商特别高，只是居于平均水准之上，倒是可以分享一下自己的心得，与读者朋友们交流学习。

20 岁时，我给自己定下两条规矩，5 年内都坚持贯彻执行：

第一，发自内心地赞赏他人。

第二，不要在任何场合，在跟任何人的交流过程中发表负面消极的言论。

第一条绝大部分内心阳光的人都能做到，即便是性情腼腆的人，只要注意一下表达也能做到。

至于第二条，则需要长期的自我克制才能形成习惯。例如，大家都会有不太喜欢的明星和看不惯的普通人。有些人选择去别人微博下面谩骂，其中被骂得最夸张的要数袁姗姗。“全盛”时期有十几万人去她微博下面骂她，硬生生把一个八线小明星骂上了微博热搜，骂成了霸占电视屏幕长达一年的古装剧绝对女主角。

原因很简单，喜欢和讨厌都是非常主观的事情。哪怕无缘无故地讨厌、抵触一个人，在我看来也没有任何问题。但有问题的是，我们不能一定要用极端的方式把厌恶和愤怒表达出来，去伤害当事人和所有听到、看到这句话的人。

若不喜欢袁姗姗，不去看她的剧就好，没必要天天发微博辱骂她，让她滚出娱乐圈。去恶意攻击一个不能回复你的公众人物，简单的“不喜欢”就变成赤裸裸的网络暴力，这本身就是一件非常卑劣的事。

要知道，并不是所有的鱼都会活在同一片海里。要不要成为一个更好的人，决定权在你自己手里。

还有一些人不辱骂明星，就喜欢在朋友圈里“随口传递负能量”。

比如 A 剪了一个新发型，他留言：“你脸太大，不适合短发，还是长发中分遮一下比较好。”B 吐槽自己股票套牢准备去天台上排队了，他留言：“我的最近都解套了，上周为了换零钱买了张彩票竟然还中了两万。”C 发了一张自拍，他留言：“你这图修得太过头了吧，磨皮磨的毛孔都看不到，拉腿把地板都拉歪了。”

他说的这三句都是大实话，毫无夸张成分，但是说完之后，相亲对象 A 再也没有搭理过他，同事 B 再也没为他提供过工作上的任何便利，女神C直接把他拉黑了……

这个自认为耿直又真诚的boy（男孩）感到非常委屈，他不明白自己错在哪里。难道说实话还有错吗，真理何在？

“教养往往体现在一个人没说什么上面。”

只是低情商不足以让他明白：真诚不是以呐喊的方式说出每一句大实话，而是保证你说出来的每句话，都是真实的。换言之，有些大实话你不能说，还有一些则不必说，更不必在共同好友数不胜数、防不胜防的微信朋友圈里说。

情商低的人也许真没什么坏心眼，但究其行为，就是一种懒惰的自私。

懒得设身处地为他人着想，懒得花点时间去考虑这句话该不该说、以什么样的方式说；完全不顾及他人感受，只想一味表达自我。通常这类人都有一句名言：我说话挺直啊，你不要介意。但这其实是自私。

情商低的人总觉得全世界都对他冷眼相对，从来没想过，是他先对这个世界恶语相向。

人与人之间的情商并无明显的先天差别，多与后天的培养息息相关。情商低从来都不是一件值得被原谅的事，情商低的人也用不着给自己找借口，因为这并不是先天缺陷，而是个人没有为提高情商这件事做出任何努力，哪怕是一刻钟的自我反思。

回到之前提到的两条原则：发自内心地赞赏他人以及不在任何场合留下消极负面的言论。

实际上，你只要做到第二条，人缘就不会太差。再把第一条熟练运用到生活中，基本上就不会因为情商低被人厌恶和诟病。其他进阶练习，有心提高情商的人可以通过阅读此类书籍来进行自我提升。

# 戒除偏见是走向优秀的第一步

多年以前，我看过一个笑话：两个男人在等红灯的时候看见旁边一个开着奔驰的年轻美女在补妆。其中一个对另一个说："这一看就是二奶。"另一个表示赞同。美女侧过脸微笑着说："你们见过七点钟出门上班的二奶吗？"于是一脚油门扬长而去。

这个笑话告诉我们三件事：

1. 年纪轻轻开名车的美人不都是二奶；

2. 年纪轻轻、事业有成的美人不一定都盛气凌人、傲慢无礼，她可以温和有教养，同时幽默又可人；

3. 莫名其妙的偏见本身就是一个笑话。

你是否也有过这样的想法：女人美成天仙，就绝对整过容；年轻就开豪车满大街溜达，绝对是混吃等死的富二代；短时间内把公司做出个样，绝对有什么不可告人的黑幕；每天晚上泡吧还考第一，绝对是作弊……

在我初入社会的时候，也曾是一个充满了偏见的人。然而，3 年后的今天，我觉得最大的成就并不来自事业，而是养成了戒除偏见的习惯。

回首过去，之所以会对他人存在偏见，主要原因有两方面：

**第一，自己太 low（低端）。**

作为刚出校园，一穷二白，丢到人群里 3 秒钟就被淹没的路人甲，确实不能理解也不敢相信，原来世界上会有人生在一个和睦的家庭，还拥有一副美艳皮囊，交了位爱她爱得要死的男友，依旧好好学习努力工作。

这样的人太过完美，完美到我忍不住去怀疑她的一切是否真实，总觉得一定有什么被隐藏的真相和刻意掩饰的黑幕。不完美的我，对一切完美都怀揣着一份天然的质疑。

**第二，生活中的完美偶像太少。**

如此一来，都找不到一位可以作为典型去关注和分析的完美偶像。

说白了，能力有限致使所在的圈子也不行，偶尔遇见一两个真正鹤立鸡群的人，小人物心态分分钟暴露无遗。

带着偏见看世界的人就像一只井底之蛙，永远都只能看到头顶的这一片天空。偶尔，有一只鸟儿飞过来，告诉它外面的世界还有山川、丛林、小溪和草原，它只会不屑地回应：“你不用骗我了，世界是什么样我看得很清楚，天空有时候是蓝色的，有时候是灰色的，每过 12 个小时它就会黑一次。”

青蛙说得没错，但它对世界的认知仅限于头顶的这一片天空，所以它的回答浅薄可笑，就像生活在一个小圈子里的我们，对于那些“完美偶像”的偏见一样。

这些年我渐渐丢掉偏见，努力成长为那些我曾经羡慕的、妒忌的，甚至充满偏见去看待的人。慢慢地，朋友圈里的完美偶像开始不胜枚举，我早已承认也早已习惯了：有些人的确更优秀还更努力；有些人更有钱，更有才华，还更漂亮；有些人生在一个遗产可以挥霍三代的家庭，依旧领着全额奖学金出国读博士……

当身边优秀的人比比皆是，每个人都身怀绝技，早已不是个例时，我自然而然地摒弃了那些莫名其妙的偏见。

我放下了偏见，逐渐真正地走进他们的世界。我发现，只有与优秀的人为伍，才能激励自己成为他们的同类。优秀并非一种天赋，而是一种习惯，一种可以后天培养的能力。

如果你永远都戴着有色眼镜去看待那些事实上比你优秀的人，那么将永远都无法变得优秀。即使某日在专业上有所成就，内心的狭隘和闭塞也会限制你的才华，影响你的人际关系，阻碍你的事业发展。

有一个女人，就读于加拿大多伦多大学，获得经济学和西洋美术史双学位。在娱乐圈摸爬滚打多年，30 岁的她一炮而红成为我国台湾的第一名模，一红就是 15 年。她的父亲林繁男一直从事铝制品及科技业的商务发展活动。早在二十多年前，他就已经成立了两家大公司，与政商两界领军人物相交匪浅，早已身家过亿。

她叫林志玲，无论是不是林繁男的女儿，她都是双商奇高、当之无愧的我国台湾第一女神。

她含着金汤匙出生，却比很多一穷二白的人都要努力千百倍，在自己的行业里做到了极致，形象气质都可圈可点。这是不容置疑的事实。

勿用可笑的偏见蒙蔽双眼，掩饰自己的自卑。

偏见就和妒忌一样，属于自己饮毒酒，还指望他人毒发身亡的愚蠢行为。被你用饱含妒忌和偏见的眼光看待的人，他们的优秀不会因为你的偏见而失色，他们的完美也不会因为你的妒忌而打折。

从始至终，负面情绪折磨的只有你自己。

从根本上戒掉固有偏见，正视并且学习那些更优秀更努力的人，才是优秀的第一步。保持良好心态，日复一日，持之以恒地努力工作，我们才有机会成为那样的人，并且超越他们。

一个姑娘给我看了袁姗姗在微博上晒出的马甲线照片。

她说："我不信她两个月能练出这样的马甲线，一定是修图的。"

我说："我觉得这姑娘够努力，我要对她黑转粉，并且我也想要这样的马甲线。"

半年后的今天，我也练出了马甲线，而当初质疑她修图的姑娘还在摸着自己的赘肉吃薯片。

获得各种变美秘籍，为你的气场加分。

# 第六章

Chapter 6

# 低质量的相处，<br>不如高质量的孤独

# 男权社会里最悲哀的事，是女人对女人的恶意和歧视

某日去北京出差时，顺道见了一位素未谋面却找我做推广代言的客户。因为我对接广告非常慎重，也有明确规划，所以去之前就已经决定不接这个活，但还是决定见见这个跟我一般大、辛苦创业的姑娘。

因为之后还约了朋友谈出版的事，只有半个小时留给这位从望京赶到世贸，只为和我碰一面的姑娘。

没有寒暄，没有客套，听她介绍完产品之后，我迅速思考了一下站在运营者的角度该如何推广，然后把我能想到的每一个点子都毫无保留地告诉了她。最后，我对她说，我不是专程跑来拒绝你的，既然咱们今天有缘见一面，我希望它是有意义的。我相信刚刚跟你说的推广策略比我给你拍组宣传照有意义得多。

在市场费用有限的情况下，一款新产品最重要的推广渠道就是找到它传播性最广的那个受众群，然后针对这个群体大力推广，再以点带面辐射其他人群。而不是花大把银子请所谓的“网红”发微博，在茫茫网海中砸中几个有效客户。我不懂广告投放的学问，但我想“精准”一定是无法绕开的关键词。

说完时间刚刚好，我准备与她告别，起身离开。姑娘握着我的

手，非常诚恳地说："谢谢你愿意教我这么多，今天跟你碰面的价值已经远远超过了我的预期，我会好好努力的！但是我想问问你，我们非亲非故，为什么愿意这样帮我？"

我说："这个险恶又现实的男权社会，如果女人都不帮助女人，那这个世界就不会好了。而且，我也是白手起家自己创业，所以我非常明白你的不容易，我走过的那些弯路希望你可以避免。另外，因为我拒绝帮你代言，所以希望从别的地方弥补你。"

女孩非常感动，跟我交换了微信。后来我们就各自忙碌，没再联系。前两天我半夜改剧本，她在微信上找我，原来是她的产品被知名营销团收了。

我由衷替她感到高兴，就像自己的产品找到了靠谱的金主一样。有很多女孩都问过我，为什么愿意不求回报地帮助她们。其实只有三个简单的原因：

第一，我的建议变成了生产力，这是对我自身能力的肯定。

第二，施比受有福，可以为他人提供价值，本身就是一件让我感到幸福快乐的事。

第三，女性无论在职场上还是生活中，都面临着巨大的不公平。如果女人们还不互帮互助，在这个赤裸裸的男权社会抱团取暖，我们的未来真的不会好了。

厉害的个体只是杯水车薪，厉害的群体才能扭转乾坤。

我衷心希望，在有生之年，可以看到：中国企业里的女性高管和男性高管一样多；高校里的女教授和男教授一样多；婚姻里的女性和男性能够实现相对地平等。

我希望每个女人都能过得比昨天好，知道自己要什么，独立又自信。我不是一个爱心泛滥的无底线、无原则的人，只是希望全体女性都能够强大一些，这样才能在处处不公平的男权社会争取到一些相对公平。

但我知道，不是每个女人都这么想的。甚至，带着歧视和恶意对待女性的，往往是另外一群女性。例如，早婚族和晚婚族互相嘲讽，家庭主妇和职业女性互相歧视，生了3个孩子的女人和丁克一族互相诋毁，靠脸吃饭的和靠脑吃饭的互相不屑……

我们常常能听到这样一些词：嫁不出去、没人要、黄脸婆、煮饭婆、男人婆、生育机器、不会下蛋的母鸡、整容怪、胸大无脑、丑人多作怪……比这些刻薄的“标签”更让人心寒的是，它们通常是女人给女人贴上的。女人对待自己的同类，远远比男人对我们更加刻薄无情。

读书的时候，女孩子被女同学欺负的比较多；长大后，女性被女同事排挤的比较多；工作时，女性被女客户刁难的比较多；结婚后，儿媳妇跟婆婆关系差的比较多……

想想女人这一生，虽然在爱情上会被男人伤害，但我们在其他所有事情上吃的亏、上的当、受的罪和流的泪，是不是大多来自我们的同性呢？

想到这里我不禁感慨：女人何苦为难女人啊！

这是为什么呢？

一来，出于同性相斥的妒忌心。读书时受欢迎的女生会被不受欢迎的女生欺负，工作中年轻漂亮的女孩会被中年发福的妇女排挤，婆婆不满媳妇“瓜分”儿子的爱等等。甚至，个子矮的蔑视个子高的，皮肤差的艳羡皮肤好的，成绩差的鄙视成绩好的，人缘差的造谣人缘好的，贫穷的仇视富有的。好像一个女性为难另一个女性不需要什么特别的原因，仅仅是，你有一点比她强或者你跟她不一样，她便有了厌恶仇视，甚至打压你的理由。

但仇视和打压还不是最可怕的，最可怕的是这种状态无缘无故且不可消除。

古时候，吕后砍下戚夫人的四肢，毁掉她的五官，将她做成“人彘”。到如今，屡屡有新闻爆出有人给漂亮女孩泼硫酸，造成其毁容。2000 多年过去了，人类从冷兵器时代发展到能上天入海、基因克隆的科技时代，女性对女性的恶意依旧没有改变。

这是何等悲哀！

在我的成长过程中，也遇到过欺负我的女同学，背叛我的“好闺密”，打压我的女同事，刁难我的女客户。

当我弱小的时候，我渴望变得强大，可以不被欺负，可以无视打压，可以不惧刁难。当我强大了，我没有，也不会去报复曾经伤害过我的每一个女人。因为我知道她们心中那不可名状的、无法抒发的妒忌就是最让她们感到痛苦的毒药，我何须再报复？

我在你脚下匍匐时，你可以随意践踏我；我在你身边站立时，你可以随意撕扯我；当有一天，我爬到了你的头顶，甚至更高处，当你手持利剑都无法伤我分毫的时候，我绝不会以牙还牙，只会颔首对你微笑，然后头也不回地走向更高处。

永远都要记住：如果有人朝你放冷箭，证明你走在了他的前面；如果你依然被冷箭射中，证明你走得还不够远。

当我强大了，我不会去欺负弱小的女人；在我年老后，我不会去仇视年轻女人；如果我富裕，我会给贫穷的女性帮助与尊严；如果我位高权重，我会教导和提拔年轻女孩；若是 30 年后，我当了婆婆，我会尽我所能，像对待女儿一般善待儿媳。

有句话叫，因为懂得，所以慈悲。我想前面应该加一句：因为经过，所以懂得；因为懂得，所以慈悲。

在这个男权社会里，最悲哀的事，是女人对女人的歧视和恶意，这种歧视跟恶意往往使男人不费吹灰之力，就能让女性溃不成军。

古代皇上不用细想如何治理后宫，妃子们互相害来害去总能达成一个制衡的局面；现代男领导不用考虑如何平衡办公室各股势力，有 3 个女人以上的地方自然会有帮派和斗争；娱乐圈很少看到男明星对骂，但女明星的明争暗斗似乎从来没有停止过。

且不谈我们为什么会长久处于男权社会，男人们携手奋斗、并肩拼搏，一块儿当霸道总裁上华尔街敲钟，登上人生巅峰的时候，女人们在干什么？

我们在说同学坏话，在挖闺密男友，在挑拨同事关系，在八卦网红，在造谣讨厌的女人当二奶是为了存钱整容……

你如果要问我，为什么这是一个男权社会？为什么我们还将长久地处于男权社会？

有个成语叫作“物伤其类”，意思是看到同类死亡，联想到自己将来的下场而感到悲伤。

作为一个女人，我不想看到任何一个女人活在歧视与恶意里，特别是来自同性的歧视与恶意。如果我熟视无睹，那么下一个被这种恶意伤害的也许就是自己。如果大家都熟视无睹，那么整个女性群体都会长久处于这种伤害中，而我们每一个人，都是凶手。

# 致闺密：分开我们的不是男人，也不是时间

“我们的结局，是一次被选择了的结果。”

某天深夜我收到一条微博私信，是读者 Vivi（薇薇）留给我的。

在信里，她说：

“主任，我感觉自己和大学最好的闺密圈子完全脱节了。这不是我的错，也不是她们的错，我只是不懂为何曾经形影不离的好闺密，短短几年光景，竟走到了无话可说的境地。”

大学毕业后，Vivi 去了英国留学，两年后回国，大学闺密们都有了很稳定的工作，不是在企事业单位就是在知名外企，只有她是个没有单位、没有工作的“社会闲散人员”。

“那时候，她们聊单位的绩效和职场的钩心斗角，我完全插不上话。”Vivi 一方面很羡慕她们有稳定的工作，一方面又害怕因缺乏共同话题被边缘化。

后来 Vivi 也开始找工作，过着和她们一样的朝九晚五的生活。可她渐渐发现自己并不适应这种制式化的工作，对办公室斗争完全没有任何兴趣，也不满足于拿着 5000 元的工资混吃等死，苦熬 30 年后退休。

于是，Vivi 找家里借了 10 万元开始创业，卖进口水果。很幸

运的是，她赶上了互联网热潮，水果店在网上和外卖渠道的业绩特别好，几个月就把本金还给爸妈了。两年内，Vivi 开了 3 家实体店，现在还准备开发新项目，比如下午茶之类的。

两年时间过去，每次闺密聚会，她们聊天的话题仍然是：新来的实习生肯定跟经理有一腿，每个月怎样才能多报销一点餐费，同组的 Mary（玛丽）背的那个香奈儿是不是假的。

Vivi 表示自己完全插不上话，也丝毫不感兴趣。另外，她还要装作特别感兴趣，连声附和才能使自己融入这场交谈。和她们聊天 2 个小时，真的比见 3 个投资人还累……

可是，Vivi 小心翼翼、如履薄冰地维系着的多年友谊依旧不可避免地走向了分裂……

上周聚会时，她们都在讨论怎样暗示男朋友送自己一部新出的 iPhone。

问到 Vivi 时，她说：“这有什么好暗示的，自己买就好了。再说了，我也没交男朋友，完全没有考虑过这个问题。”

这时候，其中一个女孩就酸溜溜地说：“哎哟，V 老板生意做得这么好，自己买 10 个都没问题啦，哪像我们一个月工资都不够买个手机的，才想着让男朋友送嘛。你这种生活在云端的公主，哪里懂得我们民间的疾苦呢？”

说罢，另外两个女孩还连声附和，让她非常尴尬。正好店里出了点状况，她就把单买好提前走了。后来的聚会，闺密再没约过她。

Vivi 很难过，也很委屈：

“一方面，我真的不是存心炫耀什么，另一方面，我赚的每一分钱都是靠自己的努力和汗水换来的。我这个行业365天全年无休，她们只看到我的包越买越贵，车越换越好，却对我的付出视而不见，就好像天上掉馅饼正好砸中我一样。我努力在迎合她们，融入固有的圈子，可是她们却对我越来越挑剔，仿佛我是一个不受欢迎的‘叛徒’，背叛了10年的友谊。

但是我真的很冤枉，我一没有抢她们的男人，二没有说她们的闲话，三所有的聚会我从不缺席，也都大方买单。

为什么我们的关系会落入今天这般田地呢？难道就因为我创业成功了，她们还抱着所谓的‘铁饭碗’等退休吗？闺密之间，难道不应该互相祝福吗？”

问得好，闺密之间难道不应该互相祝福吗？

这句话，我也曾哭着问过一个朋友。

可她给我的回答是：“你太闪耀了，就像一个太阳，把我的渺小和平庸照得一览无余。你的存在对我而言就是一种折磨，你靠近我只会让我感到不适。原谅我没办法真心祝福你，我没办法接受方方面面都被你比下去，同时还要对着你强颜欢笑。”

这一席话，听得我哑口无言。

曾经我们也是无话不谈的朋友，甚至是在一个办公室里工作过的“战友”。我们同时从同一家公司离开，我去了天津工作，她选择了嫁人。再后来，我回到武汉创业，她当了全职太太。

她结婚的时候，我专程飞回来参加她的婚礼；她孩子百岁宴的时候，我包了一个厚厚的红包；我们的朋友圈子完全没有交集，不存在任何利益牵扯，我跟她的先生也没有任何私底下的接触……

所以当她不接我电话、不回我微信时，我整个人都被巨大的疑惑吞噬了。我不甘心，跑到她家去，只想当面问一句：我哪里得罪你了？换来的却是这样的回答，我不知所措，又无力反驳。

我知道她婚后的生活并不像朋友圈里晒得那么幸福。丈夫常年出差，公公早逝，她和婆婆住在一起，孩子又是最调皮的时候。这些年，她应该尝遍了生活的苦楚。

可我如今的生活也不是中六合彩得来的啊！

她 4 年不工作也有老公养着，我一天不上班就不知道明天的晚餐在哪里。每个人的生活都不容易，每个人都在自己选择的道路上磕磕绊绊地孤独前行。

一个人今日的生活状态，是由 3 年来的积累所决定的。

我很喜欢何炅说过的一句话：“每个人都是通过自己的努力，去决定自己生活的样子。”

5 年前我们做了不一样的决定，使我们走上了不一样的道路，如今过着截然不同的生活。

但是你可曾想过，当你羡慕我说走就走的旅行时，我也在羡慕你触手可及的拥抱。当你羡慕我蒸蒸日上的事业时，我也同样羡慕你有个乖巧可爱的女儿。

针无两头利，每一种生活都有它的红利与折损，人生也是一个不断选择的、动态平衡的过程。

只盯着自己的缺失和别人的成就，心态自然会失衡，进而心生怨隙。可你今天的生活，无论是喜忧参半还是苦中作乐甚至是自欺欺人，那都是你自己的选择，不是别人逼你过的沼泽。

我有时候也很恐慌。不是恐婚，而是我的很多朋友都当妈妈了，我却连孩子他爸都没找着。虽说我离 34 岁高龄产妇这道门槛还有 8 年，减去怀孕期就是 7 年。7 年很长吗？不过就是两段无疾而终的恋爱罢了。

我还算年轻，却依然会觉得我仿佛不再年轻了。真正的年轻人从来不会考虑“时间成本”这四个字，他们有的是时间去挥霍、试错、推翻、重来。

年轻不就是折腾吗？而我已经没有多少时间去折腾了。

看着朋友们都在讨论奶粉、尿布、辅食、婆婆、早教、择校。我偶尔也会觉得，我是不是被闺密圈子排除在外了。其实我不是被任何人排除在外，而是不同人生道路的选择，把曾经在一个圈子里的姑娘们划分到了不同的阵营。

没有冲突，不是妒忌，无关男人。

仅仅是，大家选择的道路不同，大家面对的生活不同，自然话题越来越少，距离越来越远。我们都没错，只是像歌里唱的：

她们都老了吧？

她们在哪里啊？

我们就这样，各自奔天涯。

# 背 Gucci（古驰）的女人和背 Coach（蔻驰）的女人能成为好闺密吗？

娱乐圈有个非常有趣的现象：无论是铁打的好闺密还是虚假的姐妹花，大家只跟相同咖位的人玩。

所以王菲、那英、刘嘉玲是闺密，李小璐、甘薇、马苏是铁磁。《小时代》里演的四个背景悬殊的姑娘成为一起出生入死的好闺密的情况，现实生活里是不存在的！

说到李小璐那一拨，俗称“泰迪姐妹团”，也是蛮多八卦的。之前霍思燕、刘芸、熊乃瑾、秦岚等人也是这个组织的常驻人员，后来随着大家发展速度不一致，人生轨迹大相径庭，这个组织逐步出现了分化。

早期的合照全是李小璐站 C 位，大家犹如众星捧月一般围绕着她。那时候甘薇还没嫁给贾跃亭，也不长现在这样。短短几年过去了，乐视出事前的甘薇无疑已经取代李小璐成为这个团体当之无愧的灵魂人物。

甚至李小璐生甜馨的时候，还特意邀请甘薇为孩子剪脐带，因为迷信孩子会重复给自己剪脐带的人的命运。估计想到甘薇此刻的处境，李小璐也不禁要为甜馨捏把汗了。

再说说杨幂，她的知名闺密里，有段时间有刘诗诗，后来突然就跟刘诗诗渐行渐远了，近几年都没见着什么合照。再后来就是唐嫣了，唐嫣也是杨幂唯一的“伴娘闺密”。随着近两年跟唐嫣的关系也转淡，感觉杨幂在圈中已经没有什么要好的女性朋友了。甚至有娱乐号直接取了这种标题：杨幂没朋友，谁红跟谁玩。

事实是否真的如此，我们不得而知。

但有一点可以确定：随着你事业越来越好、越来越忙碌，你跟朋友聊天、聚会、喝下午茶、旅游的时间就是会被压缩。何止是交友时间会被压缩，大到结婚生子，小到刷牙拉屎的时间通通都会被压缩。

所以从表面上看，杨幂红了之后就不跟那些事业发展一般的朋友玩了。但事实很可能是，一年有 300 天待在剧组的她，根本就没空交朋友。

也正因这种“拼命三娘”的精神，她的事业才会越来越好，跟过去朋友联系的机会也越来越少，自然渐行渐远了。

所以女人们的圈层就是会被工作、收入、婚否、老公牛不牛这些事情逐渐划分开，经年累月就变得泾渭分明。

背什么包包，只是一种表象，里面装的却是一个女人的三观以及她对生活的规划和野心。

从这个角度来讲，女人选择朋友，看的从来都不是对方背什么包，穿什么鞋，戴什么手表，涂什么口红。

而是我们的三观在不在同一个频道，我们对生活的理解是否一致，我们的智商、情商、待人接物的水平是否在一个水平线上，我们人生的目标是否接近。

如果这些答案都是肯定的，那么背 Coach 跟背 Gucci 又有什么关系呢？背 Coach 的那位很快就能背上 Gucci，而背 Gucci 的那位也是从 Coach 奋斗过来的。她们惺惺相惜，彼此认同。

说到底，交朋友还是一个在茫茫人海中呼唤同类的过程。大家初次见面，对对方一无所知的时候，就只能从这些身外物来判断彼此是不是一类的了。

就算三观和收入都不匹配，如果彼此的消费观和品位是匹配的，至少可以坐下来喝杯下午茶聊一聊，看看有没有成为朋友的可能。而不是你要去喝 298 元一位的英式下午茶，她硬拉你去街边站着喝 10 元一杯的珍珠奶茶。

这些年，我自己的朋友圈也在大换血。并不是我只想跟厉害的人做朋友，而是我 90% 的时间都在工作，逼得我只能在工作圈里交朋友了。

原则上工作跟生活应该分开，但是我的闺密的性格和工作能力真的特别适合做我的服装品牌的总监，我依然高薪把她挖来了。本来隔十天半个月也要跟她吃饭、看电影，现在正好把会也开了，新款图也拍了。

每次到杭州，我都要见见十二跟大王，去长沙必定是艾掌门陪床。

每次去上海，再忙也要和牛文喝个下午茶、看个展，有一次还因此误了高铁，但是那次聊天的收获至少让我赚到了 10 张商务舱的票。

唯一一次去厦门，跟唯库的总监 BoBo 吃了顿饭，就促成了我的爆款线上课程。

我刚刚订好了机票，下个月去美国度假，第一站先去伯克利见 Samantha（萨曼莎），一个我常常在夜里两点跟她打越洋电话的女人。她就是我负责运营的法国品牌——珂蒂斯的品牌方首席代表。

我们通常前半个小时聊工作，后半个小时聊生活，这种情况已经持续了快两年，我们也早已成为无话不谈的闺密，今年的生日就是她陪我度过的。

大家都是非常聊得来的朋友，正好又有很多公事可以合作。所以天也聊了，街也逛了，行内信息也互通有无了，钱也赚了，这不就是同性友谊最圆满的打开方式吗？

说实在的，我如果花了一天时间跟一个姑娘逛街、吃饭、做美容、听她吐槽婆婆，却没有任何实质性的收获——请注意，我指的收获不是实质性地赚钱，当然也包括思想上的进步和格局上的提升——我就会觉得，这一天过得是比较浪费的。

当然我也会跟我的全职妈妈朋友以及奋斗在传统行业的朋友定期约会，这些大多是我十几年的老同学，我们感情基础很好。

即便如此，我频繁约会的对象也都是在全职妈妈这个岗位做到“家庭 CEO”的狠角色，以及在传统行业、哪怕是在基层岗位兢兢业业地工作，却可以跟我分享职场心得而不仅仅是说公司同事八卦的人。

如果可以在能彼此促进、共同成长的人里挑朋友，为什么要选择廉价的小鸡友谊[①]呢？

我相信女人之间的情义不会比男人之间少，但这种情义不是一起吐槽、一起打发时间堆叠起来的，而是一起成长、一起奋斗积累起来的，正如你懂我的艰辛，我懂你的不易。

致我所有的闺密：在未来，我希望更好的我旁边站着的是更好的你！管他 Gucci 还是 Coach，有光芒的女人背啥都闪耀！

---

① 小鸡友谊：指每天恨不得同食同睡的室友情谊，整天一起分享八卦、聊各种生活中琐碎的事，却毫无进展的友谊。

# 所有父母反对的事，都可以用这种方式解决

情人节那天，妈妈悄悄跟我说："前几天你爸朋友打电话说要给你介绍个男朋友，是个博士，现在当医生，想要跟你见一面。"

我说："哦，是吗？那我爸怎么说的？"

妈妈说："你爸摇摇头说，我根本搞不定她，我劝你也放弃吧，免得搞得人家小伙子下不来台。"

我哈哈大笑，连忙说："不要拒绝得这么彻底嘛，万一人家很帅呢。再有这种事，先让人家发张照片过来听到没？"

那时我还差一个月满27岁，催我谈恋爱结婚的都是关系不冷不热的"吃瓜群众"，父母倒从未催过半句。我本以为，他们明面上不好说我，其实背地里瞎着急。可看我爸这个态度，才知道其实他们背地里也不着急。

我挺诧异的，虽然父母比较尊重我的生活方式和人生选择，但没想到他们会对我放任自流到这种地步。但是仔细想想，这也是我多年抗争的结果。

自打开始运营这个公众号以来，就有很多读者问过我同一类问题："父母干涉我的人生选择怎么办？他们逼我读我不喜欢的专业，给我找我没兴趣的工作，逼我见聊不来的相亲对象，我到底应该如

何摆脱这一切？”

今天来讲讲我自己过去 5 年的经历，完全就是一部和父母博弈的“血泪史”。

我是学金融的，刚进学校父母就找好了关系，毕业后可以直接进银行。

如果我去了，就没有今天的“柳主任”了。或许我会在银行里混到一个不上不下的职位，找个不冷不热的老公，过着庸常而无趣的生活。

也许你会说，我这种性格和三观到哪里都不会变成一个庸常、无趣的人，但是别忘记，每个在集体里待太久的人都会慢慢磨掉个性，被环境同化。

那些个性鲜明又自我意识强烈的人，他们是不容易被集体接纳的，本身也不愿意融入集体。

所以无论你原本的性格、三观如何，只要在集体里待得足够久，一定会变成千篇一律的存在。

我有许多同学都在银行工作，一开始他们比我还要桀骜不驯，没有几年光景，个个都有中年国企老干部的精神面貌。

所以父母安排的工作不想做怎么办？

很简单，无论你有怎样的鸿鹄之志，首先得养活自己。

你爸说：“我给你安排的工作，你明天去面试。”你前脚说不想去，后脚就找他要钱他当然会不乐意。

不做伸手党，你才有谈判的权利。

所以无论是存钱也好，打工也罢，你必须存一笔钱，一笔足够养活自己数月的存款，让你有资格对一切你不愿意做的事说不。

我大二就经济独立了，所以当我说不去银行的时候，爸妈一句废话也没说，他们知道说了也没用，因为他们根本没有要挟我的筹码。

其实父母管教孩子的方法普遍简单粗暴，无非就是精神控制和经济封锁。

只要你能养活自己，不找他们要钱，他们基本上没什么机会强迫你做你不愿意做的事。

“弱国无外交”，这五个字适用于任何一段人际关系，请谨记。

后来我找到了自己感兴趣的工作，妈妈很支持我，爸爸却生气了。他俩吵了一架，妈妈对我说，爸爸因为她支持我要跟她离婚……

所以说男人就是很幼稚啊，到了五六十岁都很幼稚！

一旦发现这个地球不是围着他们转动，就很失落！一旦发现家人跟自己不是一条心，就很绝望！一旦发现自己在家没威信，就很抓狂！！

但是这毛病不能惯，越惯他越得寸进尺。

所以我自己买了机票，收拾好行李，临走的前一天心平气和地对爸爸说：

“我已经决定的事不可能改变，你要跟我妈离婚的话也别赖到我头上。我都这么大了，你们离不离我也无所谓。要真离，我陪你们把手续办了再走。不离就别说这种幼稚的话，一起送我去机场。”

爸爸明显是被我震慑到了，就乖乖送我去机场了，再也没提离婚的事。可能有那么一个瞬间，父母终于意识到你再也不是一个小孩了，而是一个有独立意识、不受控制的大人。

我想，对爸爸而言，那天就是那一个瞬间。

往前推两年，我想去英国做交换生的时候，爸爸心平气和地说了一句："你去啊，你想去哪里读书都行，我是不会给你交学费的。"

他就是想把我留在身边。

我常常在想，如果当年我去了英国现在会怎样，或许比现在更好，又或许沦为一个找不到工作的、从野鸡大学毕业的"海龟"。

可是人生没有如果，只有结果和后果。

今年我去美国，咨询了 EMBA 课程的事。如今我完全负担得起自己的学费和生活费，但是我已经没有整块时间拿来念书了。我也会羡慕那些高考完就被送出国的同学，能体会到他们父母有更长远的教育眼光。

但是我并不怨恨爸爸当初的决定，如果你是金子在任何环境下都会发光。如果你不是，即使丢到金库也是块石头。

或许就是当年憋着一口气，这些年我才会如此努力。不想为五斗米折腰，不想在金钱上受制于任何人。

如果父母对我的一切要求都无条件满足，或许我现在还是个啃老族。父母的决定自有他们的道理，由于受时代和眼光的局限，也自有他们的短板。

但是我始终告诉自己：生命里发生的每一件事，都当它是来祝福我的。

不要把自己如今的失败归咎于父母的决策。他们只有义务养你到 18 岁，你之后的所有人生，是苦是甜必须由你自己负责。

去年买车时，爸爸看中了另外一辆奔驰的越野车，一直嘟囔着让我买那一辆，说我选的两门轿跑不实用还贵。

妈妈面无表情地说："你拉倒吧，她自己出钱，爱买啥买啥。"

我跟爸爸说："我一眼就看中它了，你喜欢的车我明年送给你好吗？"

我爸立刻眉开眼笑，就像今天就要提车一样……

父母也很好哄的，看着你把自己的生活过好、事业做好，他们就心满意足了。你再时不时送点礼物表示一下，即使没有立刻兑现，他们都会非常开心。

所以，工作方面你不想走父母安排的路，就要把自己安排的那条路走好。不要管他们是否看好你，或者是否理解你的职业，你做出成绩了，他们自然就看好了，也理解了。

就像去年我刚写公众号的时候，来家里拜年的叔叔阿姨问我的工作，爸爸就说三个字——个体户，今年已经改口成作家了。

所以，我们真的不需要跟他们解释什么，just do it！（开始行动吧！）让他们看到结果就是最好的解释。

而感情方面，很多人无非是害怕父母逼婚，也抗拒父母安排的相亲。

要么找个靠谱对象，要么用钱堵住他们的嘴。

我很喜欢燕公子，一位生于 1979 年还没结婚的网红。记得她在微博上写过，每年回家过年，妈妈都疯狂逼婚，一会儿痛哭流涕地说她不孝顺，一会儿在各种亲戚朋友面前批斗她。

直到有一年，她给妈妈包了 10 万元的红包。那年春节她妈妈不仅什么也没说，还跟所有亲戚邻居炫耀，她几乎成了全小区的模范子女……

这个行为有三层意思：

你很孝顺，对父母很舍得花钱。

你有良好的储蓄习惯，虽然单身但不是一只“月光单身狗”。

你没结婚的原因是工作太忙碌，没时间谈婚论嫁。

父母未必一定要逼我们结婚生子，特别是 90 后的父母。

他们只是希望我们拥有一个美满丰富的人生。在大多数父母的心里，结婚才是达成美满丰富的必由之路，所以他们才会逼你结婚。

但是当你事业有成、身体健康、积极乐观、呼朋引伴、气色好、身材好的时候，同样是一种美满丰富。

相反，当你一无所长地困顿于一场一无所有的婚姻里，他们反而更担心。

所以父母要的并不是你结婚生子，而是你真正的幸福美满。当你的人生美好而又充实的时候，父母自然不会觉得婚姻才是拯救你的最后一根稻草。

因为你的人生好得很，根本不需要谁来拯救。

我曾看过一个视频：一个节目采访了几对父女。记者先问女儿，如果你爸爸知道你未婚先孕，他会怎么办？然后问爸爸同样的问题，录下爸爸的回答，再放给女儿看。

结果每个女儿都哭了，因为她们都觉得爸爸会非常愤怒，有一个甚至说她估计爸爸会一脚把她踢流产……

结果每个爸爸都说："我尊重我女儿的决定，她要生我就给她养，她不生我就去医院照顾她。"

看到这里，我流下了眼泪。

也许从小父母很严厉，导致我们对父母的误解很深。其实他们并没有我们认为的那样专横跋扈、独断专行。有时候他们只是不懂得沟通，也不确定我们想要什么，更加害怕我们走了弯路，受到伤害。

所以他们选择用他们认为正确的方式教育我们，用他们有把握的道路约束我们，可能语言过激，可能行为不妥。

但是你要相信，这个世界上没有人比他们更爱你。

每一对父母都难免干涉孩子的某些人生选择。你并不需要暴跳如雷地证明他们是错的，你还可以心平气和地用结果证明：自己是对的。

# 求同存异、互不渗透，才是高质量的友谊

“下午一块儿看场电影吧？”

“不了，我有安排了。”

“你有什么安排啊？”

“我准备坐在阳台上发发呆。”

“好的，下次再约。”

你认为以上对话荒谬吗？

看上去是不是既傲娇又任性，这样做会孤独到没朋友。

但是，它真实地发生在我和朋友之间，并且是一个长期现象。

我并非一个傲娇任性的小公主，只是非常需要独处的时间，而且在朋友面前丝毫不愿掩饰这一点。事实上，我人缘挺好，朋友也挺多的，不然怎么可能单身得如此淡定？

低质量的社交远不如高质量的独处。

友谊从来都不是简单的时间堆砌和连体婴儿般地腻在一起，而是恰到好处的关爱，润物无声的陪伴，尊重彼此的原则，保留独处的空间。

简单说就是，有事就联系，没事就各忙各的，别整天黏在一起。我们可以陪伴彼此消遣娱乐，前提是双方都有这种需求。我们是彼

此做伴，而不是谁陪伴谁。

比如说，我想看一部非常无聊的文艺片，就会去找我的“文艺癌”朋友陪同。我不会去找那些每 10 分钟就要接一个电话，不定期就要视频会议的工作狂陪我。

我的朋友们要喝酒，我要写稿，他们也不会把我拖到酒吧，让我写完了再喝。我们早就过了那个手拉手去上厕所的年龄，也不需要通过逼迫朋友做一些他们本不愿意做的事来考证友谊。

比如说，大家都深恶痛绝的——劝酒。什么“感情深一口闷，感情浅舔一舔”，用酒量来考量友谊是哪门子道理？

那些“酒精过敏小王子”跟“一杯就倒小公主”都不用交朋友了吗？我从没理会过任何人的劝酒，也从来不劝任何人喝酒。

想喝的时候，并不需要朋友陪我喝；朋友想喝的时候，我不介意陪她喝。但是我不想喝的时候，谁也没办法逼我喝。

记得两年前，我刚自立门户时，进了满满一仓库的酒。有天晚上和一群朋友一块儿喝酒，朋友小 L 带了一个外地的“土豪”来。该“土豪”号称是葡萄酒发烧友，一年消费 50 万的葡萄酒。

大家玩儿得挺开心，我看了看表，11 点半了。由于爸爸给我定的 12 点前必须回家的规矩，我准备敬大家一杯然后回家。朋友们都了解我是 12 点前必须回家的“灰姑娘”，所以没人留我，但第一次见面的“土豪”并不清楚这件事，认为我提前走是“不给他面子”，好说歹说非要我跟大家一块儿走。

我单独敬了他一杯，礼貌地说：“不好意思，我真的要走了，你们玩儿得开心，下次来武汉的时候我们再喝。”

“土豪”一下子就不乐意了，重重地把酒杯砸到桌子上，指着我说：“你陪我喝到 1 点，我把你仓库里的酒都买空。”

可能大家都察觉到了气氛不太对，一桌子嬉皮笑脸的人都安静了。

我微笑地凝视着他说：“不好意思，你买空一整个货柜，我现在还是要走。不是不给你面子，只是我有我的原则。如果你把我当朋友，请你尊重我的原则。如果你把我当个陪酒妹，我想你是误会了。也许你以前不了解我，但是现在你应该了解了。”

然后，我拎起包起身就走，没有给他任何反应的机会。上了出租车我才开始盘算要是真的卖给他一仓库的酒我能赚多少，答案是至少一年内我都可以逍遥快活、高枕无忧了。

我那时候缺钱吗？是的，我所有积蓄都压在库存里了，每个月开销巨大，我是真的缺钱。

那么我后悔吗？不。我人生中卖出去的第一瓶酒和第一万瓶酒都不是靠陪酒卖出去的。有一流的行业资源，专业的知识技能，完善的售后服务，我当然不用依靠陪酒来卖酒。

如果一开始就决定走“陪酒拿订单发家致富”的路线，我就不必辛辛苦苦去外地工作、学习、跑客户了。回想一遍自己为什么会走这条路，如何艰难才走到今天这一步的时候，很多问题就释然了。对于很多诱惑，我也学会了本能地拒绝。

没有人不爱钱，没有钱无法支撑梦想和生活。但是相比之下，我更爱惜自己的羽毛，更在意自己是如何挣到这些钱的。

没过两天，该“土豪”给我发来一条短信：不好意思，我那天喝多了，如有冒犯之处，请多见谅。能把你们公司的报价单发我一份吗？

就这样，他依然成了我的客户。虽然我并没有卖掉一仓库的酒，但我们后来还成了朋友，虽不常联系，一年也会见一次面。

有一次，他跟我说：“我见过很多卖红酒的女孩，你是第一个，也是唯一一个不找我要微信，也不陪我把酒喝完的。”

我说：“所以呢，你从此明白了天外有天、人外有人，总有人不买你的账，从此戒掉了爱装和用钱砸人的坏习惯吗？”

他说：“所以我没有把你当酒推，我把你当朋友。”

这件事让我更加坚信：人和人之所以能成为朋友，首先是要平等。这种平等不是经济和社会地位上的平等，而是精神上的平等。

我们互相尊重彼此的原则和底线，不勉强对方违背原则来迎合自己，也不试图用自己的标准去同化对方。

简单说，高质量的友谊就是求同存异、互不渗透。

许多读书时每天一块儿上厕所、手牵手放学回家、交换所有秘密的女同学，在后来的人生里大多都没能成为陪伴彼此走下去的朋友。

因为这种高密度陪伴和全方位渗透的所谓“友谊”，往往随着毕业戛然而止。

反观那些看上去不着调的男孩子呢？

队友们都等他打球，他直截了当说放学了要陪女朋友；超级学霸和头号学渣依然可以组团玩同一款网游；为了一个女生而大打出手的情敌，下个学期竟然变成一起躲着抽烟的好兄弟。

学生时代，女孩们的友谊看上去亲密无间、牢不可破，实际上掺杂了太多干涉，无原则地讨好以及无界限的亲密。而男孩们，因为天生共情能力比较差，心思又不那么细腻，交朋友的过程中反而能够不假思索地摆出原则，不会刻意讨好也不会“陪伴过剩”。这就是为什么很多男孩之间看似不靠谱的友谊可以持续很多年，而女孩之间看似无话不说的亲密反而无法长远。

高质量的友谊从来都是建立在彼此尊重的原则上的，是两个成年人求同存异、惺惺相惜的理解与支持，是互相修缮彼此的人生，而非互相打劫对方的生活。

当你想要一个人安静一下的时候，再也不要编造一些看上去很合理的借口，而是正大光明地拒绝朋友的邀约，并且向对方表明希望被理解的愿望。若这样做并不会影响彼此的关系，你们便拥有了真正的友谊。

这种友谊不烦不累、不近不远，却常在心间。

# 从傻白甜到白智嗲：女神交友的十二条军规

作为一个修炼了快27年的“妖孽”，我并不是打出生就拎得清，也不是从未在人际关系上吃过明亏暗亏。甚至可以说，前24年我都是非常标准的“傻白甜”。

大学毕业以前，我的生活都非常简单，犹如一张白纸。我一直生活在武汉，只和固定好友接触，从没经历过比失恋更大的打击。

这样一个没有遭受过生活暴击的人，是不可能情商高、拎得清，或者在人际关系方面有所感悟的。

创业这三年，经历了太多太多。无论是工作上遇到的各种奇葩，还是个人感情上的变故，再加上数千封读者来信，都让我对人性有了前所未有的深刻认识。

个人能力的提升，特别是赚钱能力的提升是一个比较缓慢的过程。但是处理好人际关系，对大部分人而言并不困难，远远没有学外语、减肥、升职那么困难，却能够对你整个人生起到非常积极的作用。

于是，我决定把人际关系方面最重要的十二条军规总结出来，希望对大家有所帮助。

**1. 在任何一个场合，首先搞清楚主人是谁，对方请你来的目**

**的是什么，做好一个宾客的本职工作。**

有礼貌、有涵养、给主人面子但是不过分张扬，即使那个场合全是你的目标客户，也切莫满场发名片或者拉着其他客人尬聊。

有一次我和 A 共同受邀参加 B 举办的画展，结果画展刚结束 B 就把 A 删除了，因为 A 全程都在满场加微信，拉着 B 的一位德高望重的前辈尬聊，甚至 B 在演讲的时候，A 还在下面满场飞，为自己积攒人脉。

A 的势利行为，不仅不合时宜，并且显得太过无礼。

**2. 主动结识朋友的朋友或者私下邀约对方时，一定要和朋友提前打声招呼以示尊重。**

比如说，在闺密的生日会上认识了她的发小，后来加了微信约人家单独出来喝下午茶，还发了个朋友圈，就是没请闺密，也没提前跟她说，这种做法就不够妥帖。

在社交场所，愿意约出来的朋友本质上都是不介意介绍大家互相认识的，否则也不会带出来。但是你自己要懂事，要尊重别人，不要给人一种“挖墙脚”的生涩感。

**3. 女生之间可以有小团体，但不要发展“小鸡友谊”和“塑料姐妹花”感情。**

一群人在背后说另一群人或者某个人的坏话，这种事是高中女生做的，各位成年人还是省省吧。

虽然，这并非什么人格上的污点，但这种朋友圈是低质量的朋友圈，建立在说别人坏话上的“友谊”也非常容易分崩离析。

并且，这种圈子里，只要你不那么高频率地参加聚会，很可能是下一个被集体 diss（诋毁）的对象。

**4. 不要加任何女性朋友另一半的微信。**

如果有事拜托对方帮忙，可以通过女朋友转达，或者拉个微信群。很多误会，要从源头杜绝；很多麻烦，要从一开始就屏蔽。

**5. 不要在同一个小圈子里发展两个男朋友。**

无论是同时发展还是一前一后都不行。我知道萧亚轩一半的前男友都是朋友，但人家是萧亚轩，你是你。

**6. 不要和同事走得太近。**

除了集体活动，没必要跟同一个公司里的任何人发展私下友谊。我的意思是：保持一个和谐友好的关系，但是不要太过亲密。上班超过 5 年的人应该都有同样的心得吧。

**7. 不要劝任何朋友离婚。**

无论闺密怎么毫无下限地吐槽自己的老公，是出轨还是家暴，都不要劝别人离婚。

很有可能她昨天还拉着你去咨询律师，今天就和老公和好了，明天两口子一起吐槽你干涉他们的家务事，大后天就不跟你联系了。

**8. 不要当老好人，要学会拒绝。**

无论是拒绝朋友借钱、借车、担保，还是拒绝用仅有一天的休息时间陪她逛街，用唯一的年假陪她旅游，陪她去不喜欢的店里做指甲……任何不是心甘情愿的事，我们都要学会拒绝。

否则，很有可能是你一肚子委屈，对方还未必领情。

不要沉迷于做一个很好的人，学会降低对方的期望值，这样才能发展高质量的友谊。

**9. 不要沉迷于朋友圈分组这件事。**

我上班的时候也分组，同事一组，家人一组，朋友一组，其他人一组。其实也就是不想让家人看到我经常熬夜，不想让同事看到我过得太爽。

后来自己创业后就无所顾忌了，除了凌晨 3 点以后发的朋友圈不想被家人看到之外，其他任何内容我都是不分组的。首先是因为没有必要这么做，其次是我完全不在乎任何人对我的看法。

还有一个身边的真实案例给我不小的触动：

去年，我和闺密 C 一起吃饭，她说你看 D 昨天自拍穿的衣服跟你一模一样，你们是一起买的吗？

我说没注意，于是掏出手机看 D 的朋友圈，发现她把我屏蔽了。于是 C 饶有兴致地开始翻阅我手机里 D 的朋友圈，发现有些内容也把她屏蔽了。

我们三个是没有任何利益冲突的生活中的朋友，D 竟然有些朋友圈屏蔽她，有些朋友圈屏蔽我，也并不是什么见不得人或者容易引起误会的内容。

C 觉得 D 心思太深，不适合做朋友，渐渐就远离了她。我因为工作太忙，远离了 70% 不那么重要的朋友，不针对任何人。

**10. 没人问你意见的时候，不要耿直地提出建议。**

我曾经是如何失去一个关系挺好的女性朋友的呢？

因为我会私信她：你刚刚发的照片地板修图修歪了；你不要再做脂肪填充了，非常不自然；这件衣服显得腿短，建议你穿其他款式……

虽然没有笨到当面指出别人的问题，也确实是非常客观地提出建议，绝不是挑刺。但是要知道：并不是每个人都拥有智慧和心胸去接受那些不太好听的建议。

你认为只有好朋友才会说真话，但或许别人认为你是没事找事、纯属妒忌呢？

所以，为了避免不必要的矛盾，我已经戒掉了主动对任何人提出任何建议的恶习。

人际关系死于话多，更死于交浅言深。

**11. 和其他女性待在一起时，切莫把自己当小公主，最好把自己当男人使。抢着买单，开车接送对方，时不时准备小礼物、小惊喜，这是最基本的礼仪。**

最蠢的女人，就是拿对自己男朋友或者追求者的那一套对待同性友人。

谈话切记只围绕着自己，要学会做一个理想的倾听者，恰当适时地给出柔和的意见。

“我最近又做了个很赚钱的新项目”“我老公给我换了辆保时捷”“我儿子去上国际学校了，不久前还去国外表演了小提琴”……这种话少说，对增进人际关系没有半点好处。

“你最近怎么样了，有什么需要我帮忙的尽管开口”“你老公送你的这个包包真的太有品位了，我老公眼光有他一半我就开心死了”“我看你朋友圈，你儿子画的画好棒啊！你平常都给他看什么书啊，我也想买给我家孩子看看”……

话题始终围绕着对方，把舞台、话筒都留给对方，无论她当你是知心好友真心同你分享，还是纯属寂寞的阔太没地方炫耀，你都满足她，让她开心。你就当自己是陈鲁豫，托着下巴提问就好。

没有女人会讨厌一个周到、体贴、嘴甜、好看又不自恋，关心自己又有些崇拜自己的同性朋友。你想想生活中你最喜欢哪个朋友对待你的方式，那就是你应该对待他人的方式。

总之，人际关系说到底就是将心比心。共情能力强的人，人际关系都不会差。

看到这里肯定又有人说：“我觉得好虚伪哦，明明不欣赏、不崇拜的人，我要如何自然地夸奖她，让她觉得我崇拜她呢？”

这就涉及下个问题了：朋友的选择问题。

**12. 我的择友原则：只跟三类人交朋友。**

第一，从小玩到大，且目前三观尚未有很大分歧的。

第二，某方面比我优秀的、厉害的、值得我学习的，也就是那些无私帮助过我的贵人小姐姐们。

第三，心眼不坏的、有趣的、聊得来的年轻人，特别是 95 后。我要通过他们了解年轻人在想什么，他们关注什么，因为未来我要赚年轻人的钱。

所以，并不存在虚伪地巴结跟讨好。因为人家本来就比我厉害，我本来就欣赏崇拜她们啊，真情流露才是最打动人的。

而且真正厉害又混得好的人，是不吝于提携后辈的。当然前提是，你得可爱到她足够喜欢你。

待到真正理解并践行了这 12 条，你就能蜕变成白智嗲啦。

成长路上，要相信，你需要做的，只是克服认知局限。

# 后记

老朋友都说我这两年气场变化很大，不看脸就像换了个人，以前像傻白甜，如今像大魔王。

对于自身变化，通常自己都不会有明显察觉，一定是身边的人先察觉到。

我前些天约了许久未见的大学同学喝下午茶，上次见面还是一年多以前。那时的她三句话离不开老公、婆婆、外面那个贱女人，整个人充满了戾气，戾气里又隐藏着无助，状态很不好。

要知道过不好这件事是会表现在脸上的，那时候的她看上去就好像刚离婚的邓文迪，面目狰狞、青筋毕露。如今，她眼神发光、神态松弛、皮肤紧致，完全是一派逆生长之态。跟我聊天的内容也变成了：如何投资、保养心得以及去哪里旅游，绝口不提家长里短。

她老公反而频繁打电话过来对她嘘寒问暖。

她说："自从我不再把重心放到老公身上，我们之间的关系反而改善了许多。从前事事以他为主，10 分钟内不回电话我就疑神疑鬼，动不动就要大闹一场。后来，我把心思放到公司的事情上去了，又要忙装修，又要健身、美容、见朋友，根本没工夫搭理他。他反而对我上心了很多，生怕我闷声不响就跟他离婚。”

这让我想到了王菲，十多年前她被拍到大清早在北京的胡同里给窦唯倒痰盂，天后在最火的时候选择结婚，这样全心全意对待一个男人，可最后这个男人还是出轨了。

和窦唯分开后，王菲的恋爱虽然一如既往地高调投入，但是明显能感觉到她已开始把自己的感受放在第一位，在感情里潇洒自如、来去自由。

如今，年近50岁的她在慈善晚宴上与前夫和女儿尬舞，洒脱恣意。就是这种“我开心就好，你们爱谁谁”的个性才令人着迷。

我曾在微博上看到一位知名律师（男）说过的一段话：“女孩子，爱自己超过爱男人，爱钱超过爱男人，基本上就能规避一半风险。另外记住，生育后代不是人生必备选项，‘啪啪啪’时注意带套，不乱性，又能规避一半风险。如果颜值、智商均超人群中位数，再研究点法律、经济、厚黑、权谋、心理，再健一下身，他人皆为客体和垫脚石，人生大不一样。”

男性同胞都能总结出这种适用于女性的人生箴言了，难道女性还要继续过“把老公当天，把爱情当一切，人生乐趣就是当朋友圈人生赢家”的日子吗?

不！

如果你要独立，要强大，要一手掌控自己的人生，那你必须记住从傻白甜到大魔王的修心之路的重点就是：把 90% 以上的注意力都放在自己身上。

从心理学的角度，做自己是自我意识的觉醒和展现，而自我意识则是个体对自身的认识和对周围世界关系的认识，是对自己存在的觉察，并且逐步认识自己的一切。

约会没有加班重要，没有哪个男人值得你牺牲事业晋升的机会，事业如日中天的女人身边总不缺优秀的男人。保养自己的脸蛋，修葺自己的心灵，比沉沦生活琐事重要。保持独立自我的人是不会缺朋友的，也不会缺快乐的。

闺密说："以前晚上最重要的事就是给老公熨衣服、煮夜宵。现在最重要的事就是美体护肤，每天洗脸洗澡花一个小时，完了躺床上敷面膜，皮肤一天比一天嫩白。"

她冲我狡黠一笑。我就知道，这姑娘总算是活明白了。

小测试：你的气场有几分？